Ernst Probst

Der Menschenfresser

Die Säbelzahnkatze *Homotherium*
aus Wiesbaden

Widmung

Dem Naturhistorischen Museum Mainz,
dem Museum Wiesbaden,
dem Landesamt für Denkmalpflege Hessen in Wiesbaden,
dem Hessischen Landesmuseum Darmstadt,
dem Senckenberg-Museum in Frankfurt am Main
sowie dem Verschönerungs- und Verkehrsverein Biebrich
am Rhein e. V. / Heimatmuseum Biebrich
gewidmet, die mich bei meinen Büchern
unterstützt haben.

Copyright / Impressum:
Der Menschenfresser.
Die Säbelzahnkatze *Homotherium* aus Wiesbaden
Texte: © 2022 Copyright by Ernst Probst
Umschlaggestaltung: © Copyright by Ernst Probst

Verlag:
Ernst Probst
Im See 11, 55246 Mainz-Kostheim
Telefon: 06134/21152
E-Mail: ernst.probst (at) gmx.de
ISBN: 978-3-384-47195-6

Herstellung: Tredition GmbH, Ahrensburg

Blick auf die Mosbach-Sande bei Wiesbaden im Jahre 2008.
Foto: Landesamt für Denkmalpflege Hessen,
Abteilung Archäologie und Paläontologie,
Schloss Biebrich, Wiesbaden

Säbelzahnkatze
Homotherium.
Zeichnung:
Shuhei Tamura,
Kanagawa, Japan

Inhalt

Vorwort
Zeitweise Verhältnisse wie in Afrika / Seite **9**

Die Mosbach-Sande
Eine Fossilienfundstelle ersten Ranges / 11

Der Menschenfresser
Die Säbelzahnkatze *Homotherium* aus Wiesbaden / 49

Mosbach-Mensch?
Umstrittene Funde aus den Mosbach-Sanden / 71

Der Autor / 85

Bücher von Ernst Probst / 86

*Tiere aus der Gegend von Wiesbaden vor etwa 600.000 Jahren:
Malteser Geier, Waldbison, Mosbach-Pferd und Mosbacher Löwe.
Ausschnitt aus einem Gemälde von Fritz Wendler (1941–1995)
für das Buch „Deutschland in der Urzeit" (1986) von Ernst Probst*

Szene aus der Gegend von Wiesbaden vor etwa 600.000 Jahren:
Waldnashorn, Gepard, Hundsaffe (Macaca) und Frühmenschen.
Ausschnitt aus einem Gemälde von Fritz Wendler (1941–1995)
für das Buch „Deutschland in der Urzeit" (1986) von Ernst Probst

Mosbacher Löwe (Panthera fossilis).
Mit 1,20 Meter langem Schwanz
bis zu 3,60 Meter lang.
Zeichnung: Shuhei Tamura,
Kanagawa (Japan)

Vorwort

Zeitweise Verhältnisse wie in Afrika

Die Säbelzahnkatze *Homotherium* steht im Mittelpunkt des Taschenbuches „Der Menschenfresser". Dieses löwengroße Tier mit einer Schulterhöhe von ca. 1,10 Meter, einer Gesamtlänge von etwa 1,90 Metern und einem Gewicht bis zu 400 Kilogramm lebte im Eiszeitalter vor rund 600.000 Jahren auch der Gegend von Wiesbaden. Knochen von *Homotherium* fand man 1950, 1960 und 1963 in den Mosbach-Sanden bei Wiesbaden. Bei jenen Sanden handelt es sich um Flussablagerungen des Ur-Rheins und Ur-Mains, die nach dem ehemaligen Dorf Mosbach zwischen Wiesbaden und Biebrich benannt sind. Die wahre Natur der im Naturhistorischen Museum Mainz aufbewahrten Säbelkatzen-Funde hat man erst 1970 erkannt. *Homotherium* war ein gefürchteter Feind von Frühmenschen, die noch über keine wirkungsvollen Waffen verfügten. Außer Säbelzahnkatzen jagten in der Gegend von Wiesbaden auch bis zu 3,60 Meter lange Riesenlöwen, Europäische Jaguare, Leoparden und Geparde. Zeitweise herrschten damals Verhältnisse wie heute in Afrika. Die Texte aus diesem 88-seitigen Taschenbuch stammen aus dem 552 Seiten umfassenden großen Werk „Wiesbaden vor 600.000 Jahren" des Wiesbadener Wissenschaftsautors Ernst Probst.

Dorf Mosbach zwischen Wiesbaden und Biebrich
auf einem Bild von 1815.
Bild: Verschönerungs- und Verkehrsverein Biebrich am Rhein e. V.
/ Heimatmuseum Biebrich

Die Mosbach-Sande

Eine Fossilienfundstelle ersten Ranges

Die Mosbach-Sande bei Wiesbaden gelten in der Paläontologie, der Lehre vom Leben in der Urzeit, als eine der berühmtesten Fundstellen in Europa mit Resten fossiler Tiere aus dem Eiszeitalter (Pleistozän). Dabei handelt es sich um Flussablagerungen des Ur-Mains, der damals weiter nördlich und westlich als heute in den Ur-Rhein mündete, und des Ur-Rheins sowie von Bächen im Taunus. Der Name Mosbach-Sande erinnert an das einst zwischen Wiesbaden und Biebrich liegende, 991 erstmals erwähnte Dorf Mosbach. Dort entdeckte man schon 1845 in etwa 10 Meter Tiefe erste Großsäuger-Reste aus dem Eiszeitalter.
Unter dem Begriff Mosbach-Sande versteht man Ablagerungen des Ur-Mains und Ur-Rheins aus dem Alt- und Mittelpleistozän im damaligen untersten Maintal und Main Mündungsgebiet. Sie erreichen eine durchschnittliche Mächtigkeit von 14 bis 15 Metern und eine maximale Mächtigkeit bei Kriftel von 25 Metern. Die Mosbach-Sande und -Kiese liegen gegenwärtig etwa 35 bis 60 Meter höher als die heutigen Flussbette von Main und Rhein. Der Main mündet jetzt einige Kilometer weiter südlich bei Mainz-Kostheim in den Rhein. 1970 wies man durch schwermineralogische Untersuchungen nach, dass die grobbraunen Sande und Kiese ehemalige Ablagerungen des Ur-Mains und die graugrünen Mittelsande einstige Ablagerungen des Ur-Rheins sind.
Zu den ersten Funden aus den Mosbach-Sanden gehören Knochen und Zähne von Tieren aus dem Eiszeitalter, die

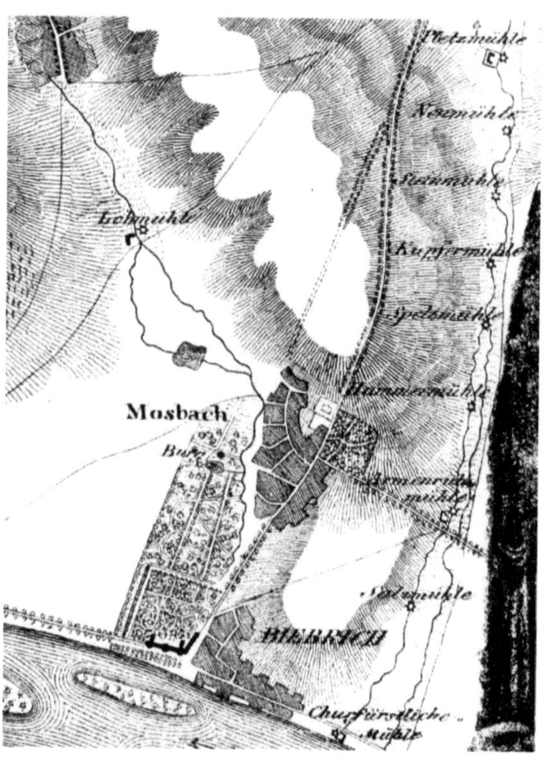

Dorf Mosbach auf einem Plan von 1819.
Bild: Verschönerungs- und Verkehrsverein Biebrich am Rhein e. V.
/ Heimatmuseum Biebrich

von Sandgrubenbesitzern und deren Arbeitern entdeckt
wurden. Diese Fossilien stammen aus Gruben beidseits der
Biebricher Allee (Bereich Adolfshöhe) und im südlichen
Salzbachtal. Die Aufsammlung von Wirbeltier-Resten in
den Mosbach-Sanden begann bereits in der ersten Hälfte
des 19. Jahrhunderts. Der berühmte Frankfurter Wirbeltierpaläontologe Hermann von Meyer (1801–1869) berichtete
schon 1841 in „Neues Jahrbuch für Mineralogie, Geognosie, Geologie und Petrefakten-Kunde" unter der Überschrift
„Hippopotamus im Mosbacher Sand bei Wiesbaden" über
einen Flusspferd-Fund.
Etliche der frühen Funde aus Mosbach gelangten ab Mitte
des 19. Jahrhunderts in das Naturhistorische Museum in
Wiesbaden. Als Erster sammelte August Römer (1825–
1899) für Fridolin Sandberger (1826–1898), Direktor (Inspektor) des Wiesbadener Naturhistorischen Museums von
1851 bis 1855 in den beiden großen Sandgruben zur linken
und rechten Seite an der von Wiesbaden nach Mosbach-
Biebrich führenden Chausee systematisch Fossilien aus den
Mosbach-Sanden. Römer war von 1886 bis 1899 Präparator
und Konservator im Museum Wiesbaden. Die von ihm auf-
gebaute Mosbach-Sammlung wurde vom Museum Wiesbaden angekauft. 1895 veröffentlichte Römer ein „Verzeich-
niss der im Díluvialsande von Mosbach vorkommenden
Wirbelthiere".
Ab 1806 gehörte der Flecken Mosbach-Biebrich zum neu-
gegründeten Herzogtum Nassau. Das Biebricher Schloss
am Rhein war von 1806 bis zum Bau des Wiesbadener
Stadtschlosses 1841 die Residenz der Herzöge von Nassau.
1840 hatte Mosbach-Biebrich etwa 3000 Einwohner. Ab
1850 waren die Dörfer Mosbach und Biebrich zusammen-

Frankfurter Wirbeltierpaläontologe
Hermann von Meyer (1801–1869).
Bild: Lithographie von C. J. Allemagne von 1837

*Fridolin Sandberger (1826–1898), Direktor (Inspektor)
des Wiesbadener Naturhistorischen Museums von 1851 bis 1855.
Foto: Nassauischer Verein für Naturkunde*

Unternehmer Wilhelm Gustav Dyckerhoff (1805–1894),
Gründer des ersten deutschen Zementwerks
in Amöneburg bei Biebrich.
Foto: Wikimedia Commmons,
Lizenz: gemeinfrei (Public domain)

gewachsen und haben sich danach in Richtung Osten entwickelt. Nach der Annexion des Herzogtums Nassau durch das Königreich Preußen 1866 gehörte Biebrich ab 1867 zum Landkreis Wiesbaden. Seit der Einweihung des neuen Rathauses 1876 in Biebrich sprach man von der Stadt Biebrich-Mosbach. Diesen Titel hat man 1882 amtlich anerkannt. 1891 erhielt der rund 11.000 Einwohner zählende Flecken Biebrich-Mosbach das Stadtrecht gemäß der Preußischen Städteordnung. Danach gewann Biebrich eine solche Dominanz, dass man 1893 den Begriff Mosbach aus dem Doppelnamen Biebrich-Mosbach strich und nur noch von Biebrich sprach.

1926 schied die mit 1,6 Millionen Reichsmark verschuldete Stadt Biebrich aus dem Landkreis Wiesbaden aus und wurde in die Stadt Wiesbaden eingemeindet. Am 31. Dezember 2012 war Biebrich mit 38.758 Einwohnern größter Stadtteil von Wiesbaden mit insgesamt 278.950 Einwohnern.

In Mosbach befanden sich von der Mitte des 19. Jahrhunderts bis etwa um 1905 zu beiden Seiten der Biebricher Allee – ungefähr beim heutigen Landesdenkmal – zahlreiche kleine Gruben (Sandkauten), in denen man Sande, Kiese und Kalke abgebaut hat. Aus diesen Gruben und aus dem südlichen Salzbachtal stammen die ersten Fossilfunde der Mosbach-Sande. Der dortige feine Sand diente nicht nur für Bauvorhaben, sondern wurde auch gerne von Hausfrauen zum Scheuern von Holzfußböden verwendet.

Später hat man die Abbauflächen erweitert und nach Südosten verlagert. Der Abbau verschob sich noch im 19. Jahrhundert von Mosbach in den Südosten Wiesbadens.

Am 4. Juni 1864 gründete der Unternehmer Wilhelm Gustav Dyckerhoff (1805–1894) mit seinen Söhnen Rudolf

Englischer Geologe Clement Reid (1853–1916)
Erstbeschreiber des Cromer-Forest-Bed bei Cromer
in Norfolk (Ostengland).
Foto um 1910: Elliot & Fry

(1842–1917) und Gustav (1838–1923) in Amöneburg bei
Biebrich die „Portland-Cementfabrik Dyckerhoff & Söh-
ne". 1871 erwarb die Firma Dyckerhoff den Steinbruch
Biebrich (Dyckerhoff-Steinbruch). In Biebrich, Amöneburg
(ab 1908 Mainz-Amöneburg) und Kastel (ab 1908 Mainz-
Kastel) erfolgten der Abbau von Sand und darunter von
Kalk für die Zementherstellung. An der Ostseite des
Steinbruchs Mainz-Kastel eröffnete man in den 1990er
Jahren den Steinbruch Ostfeld auf dem Rheingauer Feld.
Dort wurde zunächst nur Sand oberhalb den nach der
Wattschnecke *Hydrobia* benannten kalkigen Hydrobien-
Schichten abgeräumt. Bis Ende 2005 baute man in den
Steinbrüchen Kalkofen, Mainz-Kastel und Ostfeld groß-
flächig Kalke und Sande für das erste deutsche Zement-
werk großflächig ab. Dann stellte man den Kalkabbau ein
und gewann im Steinbruch Ostfeld nur noch Mosbach-
Sande als Rohstoff.
Beim Abbau der Mosbach-Sande kommen immer wieder
Überreste von Wirbeltieren zum Vorschein, die zum größten
Teil aus dem nach einem englischen Fundort bezeichneten
Cromer-Komplex (etwa 800.000 bis 480.000 Jahre) stam-
men. Die charakteristische Cromer-Forest-Bed-Abfolge in
Norfolk (Ostengland) wurde 1882 von dem englischen
Geologen Clement Reid (1853–1916) beschrieben. Als Ty-
puslokalität gilt West Runton bei der Stadt Cromer (heute:
7800 Einwohner) mit einem Alter von ca. 700.000 Jahren.
1937 erkannte der deutsch-britische Geologe und Paläontologe Frederick Everard Zeuner (1905–1963), eigentlich
Friedrich Eberhard Zeuner, die Ähnlichkeit der Fauna von
Mosbach 2 und Mauer bei Heidelberg mit der Tierwelt aus
dem Cromer-Komplex von Ostengland (East Anglia). Dies

Deutsch-britischer Geologe und Paläontologe
Frederick Everard Zeuner (1905–1963),
eigentlich Friedrich Eberhard Zeuner.
Foto von 1937: Privatbesitz Diana Zeuner,
Schwiegertochter von Frederick Everard Zeuner,
Cocking, Midhurst, England

hatte die Einstufung der Faunen von Mosbach 2 und Mauer in den Cromer-Komplex zur Folge. Der in Berlin geborene Zeuner emigrierte im Mai 1934 mit seiner jüdischen Ehefrau Henrietta und seinem kleinen Sohn Wolfgang nach England. Zunächst arbeitete er am Britischen Museum in London und von 1936 bis zu seinem Tod am Institute of Archaeology der University of London. 1946 wurde er Professor. 1951 rühmte Otto Heinrich Schindewolf (1896–1971), Direktor des Paläontologischen Institutes der Universität Tübingen seinen deutsch-britischen Kollegen: „Zeuner darf wohl bedenkenlos als der ideen- und auch erfolgreichste der gegenwärtig lebenden Geologen-Paläontologen Deutschlands bzw. deutscher Abkunft gelten".

Das Klima im Cromer-Komplex war nicht einheitlich. Einerseits gab es sehr milde, andererseits aber auch kühle Abschnitte. Es fand ein ständiger Wechsel von warm zu kalt und von kalt zu warm sowie umgekehrt statt. In Mitteleuropa wird der Cromer-Komplex in 4 Warmzeiten und 4 Kaltzeiten gegliedert.

In der Literatur werden 3 Gliederungsmodelle der Mosbach-Sande erwähnt. Das 1. Modell von 1978 stammt von dem Mainzer Paläontologen Herbert Brüning (1911–1983) und das 2. Modell von 2007 von dem Wiesbadener Paläontologen und Geologen Thomas Keller. Das 3. lithostratigraphische Modell basiert auf dem Wiesbadener Geologen Christian Hoselmann (2018).

Zur Gliederung von Brüning (1978) gehören – von unten nach oben – das Grobe Mosbach (Mosbach I), Mosbach II, das Graue Mosbach (Mosbach III) und das Rostrote Mosbach (Mosbach IV). Laut dem Geologen Christian Hoselmann sind Mosbach I und Mosbach II dem Altpleistozän

Mainzer Paläontologe,
Professor Dr. Herbert Brüning (1911–1983),
Direktor des Naturhistorischen Museums Mainz
von 1963 bis 1983.
Foto: Naturhistorisches Museum Mainz /
Landessammlung für Naturkunde Rheinland-Pfalz

zuzurechnen und älter als 773.000 Jahre. Mosbach III gehört zum Mittelpleistozän und ist jünger als 773.000 Jahre.
Die Gliederung von Keller (2007) umfasst das Grobe Mosbach (Sequenz I, Sequenz II) sowie das Graue Mosbach (Sequenz 1, Sequenz 2, Sequenz 3, Sequenz 4).
Die Gliederung der Mosbach-Sande-Formation von Hoselmann (2007, 2018) gilt nur für das Rheingauer Feld. Zuunterst befindet sich die Mosbach-Hauptterrassen-Subformation (entspricht Mosbach I und Mosbach II von Brüning).
Es folgt die Haupt-Mosbach-Subformation (entspricht dem Grauen Mosbach (Mosbach III von Brüning). Zuoberst legt die Mosbach-Mittelterrassen-Subformation (entspricht dem Rostroten Mosbach (Mosbach IV) von Brüning).
Nur die früheste Cromer-Warmzeit I (Cromer-Interglazial I/ Osterholz-Warmzeit) wird dem Unterpleistozän zugerechnet und ist somit älter als 773.000 Jahre. In diese Zeit fällt die fossilarme warmtemperierte Mosbach 1-Fauna vor etwa 1 Million Jahren, die ähnlich alt wie die Fossilien aus dem Leichenfeld im Flussbett der Ur-Werra bei Untermaßfeld nahe Meiningen in Thüringen ist. In fluviatilen Hochflutablagerungen des Groben Mosbachs bei Wiesbaden wurde 1974 durch den Prager Geophysiker Alois Kocí der paläomagnetische Jaramillo-Event gemessen. Hierüber berichtete 1978 der Kölner Geologe Wolfgang Boenigk im „Mainzer Naturwissenschaftlichen Archiv". Das Jaramillo-Event war eine kurze Zeit mit normaler Polarität des Erdmagnetfeldes von 1,071 Millionen bis vor 990.000 Jahren.
Den größten Teil des Cromer-Komplexes rechnet man dem Mittelpleistozän vor etwa 773.000 bis 125.000 Jahren zu. Dazu zählen die Cromer-Warmzeiten II, III, IV und die dazwischen liegenden Kaltzeiten.

Die Gliederung des Eiszeitalters ist immer mehr verfeinert worden. Eine erste Einteilung durch Albrecht Penck (1858–1945) von 1909 enthielt 4 Kaltzeiten und 3 Warmzeiten. 1993 waren laut dem amerikanischen Ökologen, Physiker und Botaniker David Murray Gates (1921–2016) 10 größere und 40 kleinere Kaltzeiten bekannt, 1995 laut dem Klimaforscher Christian-Dietrich Schönwiese bis zu 23 Warmzeiten und Kaltzeiten. 2000 teilte der Geograph Jürgen Herget mit, in den letzten 2,6 Millionen Jahren hätte es 51 Warmzeiten und 52 Kaltzeiten gegeben. Die Übergänge von einer Kaltzeit zu einer Warmzeit und von einer Warmzeit zu einer Kaltzeit sollen rasch und intensiv erfolgt sein. Auf der Internetseite geographic-diplom.de heißt es, in Warmzeiten des Cromer-Komplexes hätten die mittleren Julitemperaturen bei ungefähr 20 Grad Celsius gelegen und in Kaltzeiten bei 10 bis 13 Grad. Der Beginn des Eiszeitalters ist umstritten. Mal ist von 3 Millionen, mal von 2,7 Millionen, mal von 2,6 Millionen, mal von 2,3 Millionen, mal von 1,8 Millionen Jahren die Rede.
Geologische Zeugen für ein kaltes Klima sind zum Beispiel Driftblöcke in den Mosbach-Sanden. Darunter versteht man zentner- oder sogar tonnenschwere Gesteinsblöcke aus ortsfremden Sandsteinen des Buntsandsteins oder Kalksteinen des Muschelkalks, die nicht mit Flusskraft allein transportiert werden konnten. Sie mussten in mündungsfernen Abschnitten des kaltzeitlichen Ur-Mains in Eisschollen eingefroren, flussabwärts transportiert worden sein, bis das Eis im Unterlauf des Ur-Mains schmolz und der Block auf den Grund fiel. Im Cromer I (Mosbach 1) beobachtete man 1976 Driftblöcke aus Spessartgranit mit einem Durchmesser von 1,10 Meter.

Zwischen Cromer II und Cromer III herrschte – laut dem niederländischen Geologen Waldo H. Zagwijn (1928–2018) eine längere Kaltphase. In diesem Abschnitt fiel die mittlere Sommertemperatur schätzungsweise unter plus 5 Grad Celsius. Die Jahresmitteltemperatur lag unter dem Gefrierpunkt. Und die Mitteltemperatur des kältesten Monats betrug bei bzw. unter minus 8 Grad Celsius. Dies spricht für eine Tundra bzw. Kaltsteppe und einen Dauerfrostboden. Ehemaliger Dauerfrostboden ließ sich in den Mosbach-Sanden durch in 4 bis 5 Meter Tiefe reichende Eiskeilpseudomorphosene nachweisen. Das sind nach unten spitz zulaufende, keilförmige Spalten, die jetzt nicht mehr mit Eis, sondern mit Löss oder Lehm gefüllt sind.
Vor etwa 773.000 Jahren ist im Cromer-Komplex eine Umpolung des Erdmagnetfeldes nachweisbar. Sie wird nach den Geophysikern Motonori Matuyama (1884–1958) und Bernhard Brunhes (1867–1910) als Matuyama-Brunhes-Grenze bezeichnet. In der Matuyama-Epoche von etwa 2,595 Millionen bis 773.000 Jahren war die Magnetisierung entgegengesetzt wie heute (invers polarisiert). Ab der vor rund 773.000 Jahren begonnenen und noch andauernden Brunhes-Epoche ist die Magnetisierung wie in der Gegenwart (normal polarisiert).
In den Mosbach-Sanden hat man 3 Säugetierfaunen (auch Fundkomplexe genannt) festgestellt: Mosbach 1, Mosbach 2 und Mosbach 3.
Laut einer 1987 von den Paläontologen Wighart von Koenigswald und Heinz Tobien (1911–1993) veröffentlichten Artenliste für die Mosbach-Sande hat man unter anderem folgende Arten in der Säugetierfauna Mosbach 1 gefunden: Bisamrüssler *Desmana moschata mosbachensis*, Großbiber

Mainzer Paläontologe Professor Dr. Heinz Tobien (1911–1993).
Foto: Naturhistorisches Museum Mainz /
Landessammlung für Naturkunde Rheinland-Pfalz

Trogontherium cuvieri, Mosbacher Bär *Ursus deningeri*, Hyäne *Hyaena* sp., Südmammut *Mammuthus meridionalis*, Steppenmammut *Mammuthus trogontherii*, Wildpferd *Equus* sp., Flusspferd *Hippopotamus amphibius antiquus*, Wildschwein *Sus scrofa*, Breitstirnelch *Praemegaceros verticornis*, Hirsche *Cervus acoronatus* und *Cervus elaphoides*, Elch *Cervalces latifrons* und Reh *Capreolus* sp.

Zur Säugetierfauna Mosbach 2 (Mosbachium) gehören 65 Arten, die man hier nicht alle mit Gattungs- und Artnamen aufzählen kann. Unter anderem sind dies: Europäischer Jaguar, Mosbacher Löwe, Leopard, Säbelzahnkatze, Gepard, Hyäne, Luchs, Wolf, Fuchs, Mosbacher Bär, Marder, Maulwurf, Hase, Biber, Maus, Hirsch, Bison, Wildschwein, Nashorn, Europäischer Waldelefant, Steppenmammut, Wildpferd, Flusspferd, Moschusochse und Hundsaffe. Unter den nachgewiesenen Vogel-Arten sind Geier, Singschwan, Stockente und Spießente.

Zur Säugetierfauna Mosbach 3 zählen unter anderem: Rotzahnspitzmaus (*Sorex* sp.), Bisamrüssler (*Desmana moschata mosbachensis*), Maulwurf (*Talpa minor, Talpa europaea*), Vielfraß (*Gulo gulo*), Steppenmammut (*Mammuthus trogontherii, primigenoid*), Hirsch (*Cervus* sp.), Reh (*Capreolus* sp.) und Rentier (*Capreolus arcticus stadelmanni*).

Zwischen den Fundkomplexen Mosbach 1 und Mosbach 2 fehlen – laut den Paläontologen Wighart von Koenigswald und Heinz Tobien – Flussablagerungen aus einer Zeitspanne von mehr als 200.000 Jahren. Entweder wurden Sande und Kiese nie abgelagert, weil der Fluss sich verlagert hat. Oder die Flussablagerungen wurden wieder ausgeräumt. Eine kontinuierliche Ablagerung ist selten, erst recht in Flussgebieten. Flüsse wechseln ihren Lauf. Das kann kleinräumig sein und braucht keine große Veränderung in der Landschaft zu bedeuten.

Die fossilreiche Mosbach 2-Fauna aus dem Mittelpleistozän und die ähnlich alten Sande von Mauer bei Heidelberg gehören entweder in die ältere Cromer-Warmzeit III (auch älteres Cromer-Interglazial III genannt) oder in die jüngere Cromer-Warmzeit IV (Cromer-Interglazial IV).

Die Ablagerungen der mittleren Stufe der Mosbach-Sande sind bis zu 12,50 Meter mächtig. Sie bestehen vor allem aus kalkreichen, hellgrauen Sanden, die von 3 bis 4 maximal 0,50 Meter starken Kiesbändern durchzogen werden. Die unteren 6 Meter der Sande enthalten zahlreiche Säugetierfossilien.

In der Literatur heißt es oft, in der etwa 600.000 Jahre alten Hauptfundschicht (Graues Mosbach, Fundkomplex Mosbach 2) lägen die Reste zweier Lebensgemeinschaften vor, die einer ausgehenden Warmzeit und einer heraufziehenden Kaltzeit innerhalb des Cromer-Komplexes entsprächen. Während der Warmzeit sollen der Europäische Waldelefant, das Alt-Flusspferd, das Wildschwein, der Gepard und der Europäische Jaguar existiert haben. Im klimatisch kontinental geprägten Zeitabschnitt sollen das Steppenmammut, der Steppenbison, der Steppenhirsch und das Reh existiert haben. In der Kaltzeit dagegen sollen das riesige Steppenmammut, der Steppenbison, der Vielfraß und das Rentier vorgekommen sein.

Nach Forschungen des Wiesbadener Paläontologen und Geologen Thomas Keller, die er von 1991 bis 2012 in den Mosbach-Sanden unternahm, gibt es keine Hauptfundschicht. Denn fast alle Schichten enthalten nach seinen Beobachtungen Fossilien. Außerdem vermutet er eher einen

Wechsel von einer ausgehenden Kaltzeit zu einer beginnenden Warmzeit.

2005 berichteten Volker Wilde (Frankfurt/Main), Thomas M. Kaiser (damals Greifswald) und Thomas Keller (Wiesbaden) im „Geologischen Jahrbuch Hessen" über erste Funde von Blättern aus dem Fundkomplex Mosbach 2 der Mosbach-Sande. Zwei Reste ähneln Blättern heutiger Pappel- bzw. Espen-Arten, zwei andere gehören vermutlich zu einer Ulme. Heutige Pappeln, Espen und Ulmen gedeihen vorwiegend in gemäßigten Breiten der Nordhalbkugel.

Einige der in den Mosbach-Sanden nachgewiesenen Warmphasen wurden von dem Mainzer Paläontologen Herbert Brüning mit Lokalnamen belegt. Nämlich Biebrich-Warmzeit (innerhalb von Mosbach 2), Heßler-Warmzeit (innerhalb von Mosbach 3) und Hambusch-Warmzeit (innerhalb von Mosbach 3).

Die Mosbach 3-Fauna ist merklich jünger als die Mosbach 2-Fauna. Zu ihr gehören kältevertragende Tierarten wie der Vielfraß *(Gulo gulo)* und das Rentier *(Rangifer arctus stadelmanni)*.

Der Lauf des Ur-Rheins und Ur-Mains hat sich vom Obermiozän vor etwa 10 Millionen Jahren bis zur Ablagerung der Mosbach-Sande im Eiszeitalter vor ungefähr 890.000 bis 480.000 Jahren stark verändert. Vor rund 10 Millionen Jahren strömte der Ur-Rhein ab dem Raum Worms quer durch Rheinhessen über Eppelsheim, Beimersheim, den Wißberg bei Sprendlingen (Rheinland-Pfalz) auf die Binger Pforte zu. Die Gegend von Oppenheim, Nierstein, Nackenheim, Mainz und Wiesbaden hat dieser Ur-Rhein nicht berührt. Im Obermiozän vor ca. 8 bis 5 Millionen Jahren sank der nördliche Oberrheingraben tief ab. Da-

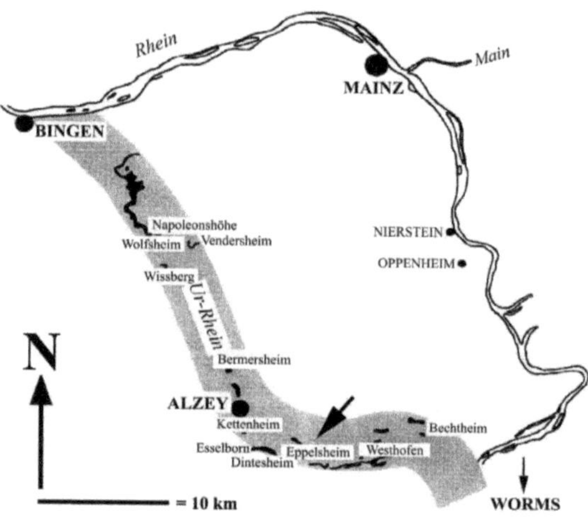

Dinotheriensand-Fundorte und Rekonstruktion des Verlaufes des Ur-Rheins vor etwa 10 Millionen Jahren in Rheinhessen. Zeichnung von Christine Hemm-Herkner nach einer Vorlage des Paläontologen Jens Lorenz Franzen (1937–2018) (zum Teil nach Heinz Tobien (1911–1993) von 1980 und Joachim Bartz (1910–1998) von 1936). Die Ablagerungen des Ur-Rheins werden als Dinotheriensande bezeichnet, weil sie häufig Zähne und Knochen des riesigen Rüsseltieres Deinotherium giganteum enthalten. In der Literatur findet man auch die Schreibweise Dinotherium.

durch verlagerte sich der Rhein – dem tiefsten Niveau folgend – in östliche Richtung.

Ursprünglich floss der im Fichtelgebirge entspringende Ur-Main nach Südwesten in Richtung Rhonetal. Irgendwann im frühen Eiszeitalter vor etwa 1,5 Millionen bis 800.000 Jahren erfolgte die erste Verbindung von Ur-Main und Ur-Rhein in der Gegend von Mainz. Der Ur-Main (auch Bamberger Main genannt) verband sich mit dem westwärts strömenden Aschaffenburger Main und erhielt so Anschluss an den Ur-Rhein.

Der Ur-Main erreichte den Ur-Rhein weiter nördlich und westlich als heute. Seine Fließgeschwindigkeit war im Vergleich zum Ur-Rhein merklich geringer. Häufig ereignete sich ein Rückstau des Ur-Main-Wassers. Nach der weiten Verbreitung der Mosbach-Sande zu schließen, dürfte der Mündungsbereich des mäandrierenden Ur-Mains vor dem Ur-Rhein ungefähr bis zu 20 Kilometer breit gewesen sein. Ein derart breites Flusstal ist heute im Zeitalter der Zähmung der Flüsse durch Begradigung, Eindämmung und Abtreppung durch Schleusen kaum vorstellbar, schrieb 1994 der Wiesbadener Paläontologe und Geologe Thomas Keller in seiner Publikation „Die eiszeitlichen Mosbach-Sande bei Wiesbaden".

Durch Senkung des Oberrheingrabens und des Untermaingebietes erfolgten verstärkt Ablagerungen. Bei einer anschließenden Hebung entstanden noch heute sichtbare Terrassen. Dies waren ideale Voraussetzungen für eine imposante Fossilienfalle im Mündungsbereich des Ur-Mains. Die in den Ur-Main geratenen fragmentierten Tierkadaver blieben im Schwemmfächer liegen. An den meisten Knochen sind geringe Abrollspuren erkennbar. Das deutet darauf hin, dass Tiere in unmittelbarer Nähe ums Leben kamen. Verbiss- und Verwitterungsspuren stammen von dort lebenden Raubtieren und Aasfressern.

In den wärmeren Abschnitten des Cromer-Komplexes behaupteten sich Eichenmischwälder mit Eiben und Erlen. Merklich spärlicher gab es Hasel und Hainbuche. Während der kühlen Phasen dehnten sich Nadelmischwälder aus, in denen Kiefern überwogen. Birken wuchsen zu Beginn und gegen Ende des Cromer-Komplexes häufig.

In Deutschland lebten im Cromer-Komplex bei zeitweise warmem, mitunter aber auch kühlem Klima zwar keine Mastodonten (Rüsseltiere mit 3 Backenzähnen in jeder Kieferhälfte) und Tapire mehr, jedoch weiterhin wärmeorientierte Europäische Waldelefanten *(Palaeoloxodon antiquus)* und das Alt-Flusspferd *(Hippopotamus antiquus)*. Neu waren in Deutschland die Steppenhirsche *(Praemegaceros verticornis)*, deren breitschaufeliges Geweih dem von Damhirschen ähnelt, sowie der Mosbacher Bär *(Ursus deningeri)* als Vorfahre des Höhlenbären *(Ursus spelaeus)* aus dem Jungpleistozän.

Zu den bekanntesten Fundorten mit fossilen Faunen aus dem Cromer-Komplex in Deutschland zählen die Mosbach-Sande bei Wiesbaden, die aber auch ältere und jüngere Ablagerungen aus dem Eiszeitalter enthalten, die Mauerer Sande von Mauer bei Heidelberg und das Mittelmain-Cromer mit den Fundstellen Marktheidenfeld, Karlstadt, Erlabrunn, Würzburg-Schalksberg, Randersacker, Volkach und Goßmannsdorf, Voigtstedt im Harzvorland und Weimar-Süßenborn. Umstritten ist die Zuordnung der Faunenreste aus den Tonen von Jockgrim in der Pfalz zum Cromer.-Komplex

Ab ungefähr 1850 wurden in den Mosbach-Sanden entdeckte Tierreste aus dem Eiszeitalter im am 31. August 1829 eröffneten Naturhistorischen Museum in Wiesbaden abgeliefert. Unter den Funden aus den Flusssanden des Ur-Mains und Ur-Rheins waren keine zusammenhängenden Skelette, sondern ausschließlich einzelne Knochen und Zähne. Deswegen kann man diese Relikte oft nicht optisch wirkungsvoll in einem Museum ausstellen.

Im Laufe der Zeit wuchs die Sammlung mit Mosbach-Fossilien des Naturhistorischen Museums in Wiesbaden auf etwa 1090 Exemplare an. Diese Fossilien stammen von mindestens 53 Säugetier-Arten. Am häufigsten sind Fossilien vom Breitstirnelch, Steppenwisent, Mosbach-Pferd, Steppenmammut, kronenlosen Rothirsch, Europäischen Waldelefanten, Mosbacher Bär, Etruskischen Nashorn, Großbiber und Süßenborner Reh. Dank der Initiative des Kurators Fritz Geller Grimm wurden von Carles Schouwenburg alle Stücke per elektronischer Datenverarbeitung erfasst und zudem digital fotografiert. Diese Dokumentation ermöglicht es Wissenschaftlern/innen, leicht auf das Material zurückzugreifen und Interessenten/innen die Datenbank und die Digitalfotografien zu erwerben. Inzwischen ist der Paläontologe Dr. Eric Otto Walliser für die Paläontologie und speziell für die Mosbach-Sammlung verantwortlich.

81 Jahre später als das Naturhistorische Museum in Wiesbaden hat man 1910 das Naturhistorische Museum Mainz eröffnet. Dieser „Tempel der Wissenschaft" besitzt mit mehr als 25.000 Funden aus den Mosbach-Sanden bei Wiesbaden die größte Sammlung von Tieren aus dem Eiszeitalter des Rhein-Main-Gebietes. Die dort aufbewahrten

Mainzer Naturforscher Wilhelm von Reichenau (1847–1925).
Foto vor 1877: Darwin Correspondence Project,
Emil Rade (1832–1931) (via Wikimedia Commons),
Lizenz: gemeinfrei (Public domain)

Fossilien stammen von 65 Säugetier-Arten, 4 Vogel-Arten sowie 152 Schnecken- und Muschel-Arten.

Ein Glücksfall für das Naturhistorische Museum Mainz war dessen erster Direktor Wilhelm von Reichenau (1847–1925). Er begann bereits um 1900 seine Sammlungstätigkeit für das spätere Naturhistorische Museum Mainz, machte sich um die Erforschung der Mosbach-Sande verdient und und beschrieb als Erster drei große Säugetier-Arten aus Mosbach: das Mosbacher Pferd, den Mosbacher Bären und den Mosbacher Löwen. 1910 bedauerte er, die einst berühmten, aber niemals mit der ihnen gebührenden Sorgfalt ausgebeuteten Sandgruben an der Biebricher Chaussee existierten nicht mehr.

Nachfolger von Wilhelm von Reichenau als Direktor des Naturhistorischen Museums Mainz war der Paläontologe Otto Schmidtgen (1879–1938). Er leitete von 1914 bis 1938 dieses Museum und machte sich ebenfalls um die Erforschung der Mosbach-Sande bei Wiesbaden verdient. Als Erster beschrieb er den Bisamrüssler *Desmana moschata mosbachensis* und die Schermaus *Arvicola mosbachensis*. 1913 entdeckte er den ersten fossilen Rest eines Europäischen Jaguars *Panthera gombaszoegensis* in den Mosbach-Sanden. Andere Paläontologen ehrten Schmidtgen bei der Namensgebung der Wühlmaus *Pitymys schmidtgeni* und des Moschusochsen *Praeovibos schmidtgeni*.

Herbert Brüning, der damalige Direktor des Naturhistorischen Museums Mainz, stellte 1980 auf Basis von seinerzeit rund 15.000 Fossilien aus den Mosbach-Sanden im Mainzer Museum eine Statistik über die Fundhäufigkeit der unterschiedlichen Säugetier-Familien auf. 29,6 Prozent stammten von Geweihträgern (Cervidae), 16,4 von Wild-

pferden (Equidae), 16,2 von Hornträgern (Bovidae), 0,7
Prozent von Wildschweinen (Suidae), 7,5 von Nashörnern
(Rhinocerotidae), 7,4 von Elefanten (Elephantidae), 4,1
von Bären (Ursidae), 3,3 von Bibern (Castoridae), 1,2 von
Flusspferden (Hippopotamidae), 0,5 von Katzen (Felidae),
0,3 von Wildhunden (Canidae), 0,2 von Hyänen (Hyaeni-
dae) und 12,6 Prozent von Sonstigen.
Eine solche Statistik wurde auch für die Mosbach-Fossilien
im Naturhistorischen Museum in Wiesbaden erarbeitet.
Dort stammen 20,5 Prozent von Geweihträgern, 15,6 von
Wildpferden, 12,7 von Hornträgern, 0,4 von Wildschweinen, 9,2 von Nashörnern, 21,6 von Elefanten, 5,7 von Bären, 2,3 von Bibern, 0,8 von Flusspferden, 0,6 von Katzen,
0,4 von Wildhunden, 0,3 von Hyänen, 9,9 von Sonstigen.
Maßgeblich für die wissenschaftliche Bearbeitung der Mosbach-Sande waren kontinuierliche und über längere Zeit
hinweg stattfindende Profildokumentationen sowie syste-
matische Fossil-Aufsammlungen. Hierbei machten sich der
Mainzer Museumsdirektor, Professor Dr. Herbert Brüning,
und Dr. Thomas Keller, der Leiter der Paläontologischen
Denkmalpflege / Landesamt für Denkmalpflege Hessen in
Wiesbaden, verdient.
Herbert Brüning baute nach dem Zweiten Weltkrieg (1939–
1945) in seinem Geburtsort Magdeburg unter schwierigen
Bedingungen 3 Museen wieder auf: Kunstmuseum, Naturmuseum und Heimatmuseum. Trotz Erfolgen als Wissenschaftler und Museumsleiter verließ er 1956 nach sachli-
chen Auseinandersetzungen und persönlichem Druck seine
Heimatstadt Magdeburg. Danach war er mit Forschungsauf-
trägen und Gutachten für verschiedene Institutionen be-
schäftigt. Einer rein akademischen Laufbahn am Geogra-

phischen Institut in Göttingen zog er 1963 die Berufung nach Mainz als Direktor des Naturhistorischen Museums vor. Brüning verschaffte dem im Zweiten Weltkrieg zerstörten Museum mit wenig gerettetem Sammlungsgut wieder wissenschaftliche Bedeutung und Anerkennung und machte sich um die Erforschung der Mosbach-Sande verdient.
Der Frankfurter Wirbeltierpaläontologe Hermann von Meyer verwendete bereits 1841 in „Neues Jahrbuch für Geognosie, Geologie und Petrefakten-Kunde" die Formulierung „Mosbacher Sand bei Wiesbaden". 1885 formulierte der Frankfurter Lehrer und Naturforscher Oscar Boettger (1844–1910) im „Nachrichtenblatt der Deutschen Malakozoologischen Gesellschaft" die Überschrift „Ostdeutsche Arten im Mosbacher Sande". Ob jemand früher „Mosbacher Sande" oder „Mosbach-Sande" schrieb, ist mir nicht bekannt. Laut einer Empfehlung der „Deutschen Stratigraphischen Kommission" von 1977 spricht man heute von Mosbach-Sande statt von Mosbacher Sanden. Heute umfassen die Mosbach-Sande ein großes Fundgebiet in Mainz-Kastel, das bis 1945 zu Mainz gehörte und danach Wiesbaden zugeordnet wurde, am Heßlerhof, in Biebrich Ost, im Dyckerhoff-Steinbruch sowie im Salzbachtal.
Zum Fundgut aus den Mosbach-Sanden gehören unter anderem Reste vom herdenweise vorkommenden Mosbach-Pferd *(Equus mosbachensis)*, Steppen- bzw. Alt-Riesenhirsch *(Praemegaceros verticornis)*, Breitstirnelch *(Cervalces latifrons)*, Waldwisent *(Bison schoetensacki)* und Mosbacher Bären bzw. Deninger-Bären *(Ursus deningeri)*.
Als eine der größten Raritäten aus den Mosbach-Sanden gilt der Fund eines Oberkiefer-Fragments eines Makaken *(Macaca sp.)*. Dieses wissenschaftlich wertvolle Fossil wird im

Heidelberg-Mensch (Homo heidelbergenis).
Zeichnung von Fritz Wendler (1941–1995)
für das Buch „Deutschland in der Steinzeit" (1991)
von Ernst Probst

Frankfurter Senckenberg-Museum aufbewahrt. Die Abkürzung sp. oder spec. für das lateinische Wort species wird als Zusatz nach dem Gattungsnamen für eine nicht näher bezeichnete Spezies (Art) verwendet. Der *Macaca*-Fund belegt, dass vor ungefähr 600.000 Jahren im Rhein-Main-Gebiet noch Affen lebten.

Einige der in den Mosbach-Sanden nachgewiesenen Tierarten bekamen einen populären Namen oder einen wissenschaftlichen Namen, der an den Fundort Mosbach erinnert. Dies sind beispielsweise das 1903 erstmals beschriebene Mosbach-Pferd *(Equus mosbachenseis)*, 1904 der Mosbacher Bär *(Ursus deningeri)*, 1906 der Mosbacher Löwe *(Panthera fossilis)* und 1925 der Mosbacher Wolf *(Canis mosbachensis)*.

Relikte einer Tierwelt, die an heutige Verhältnisse in Afrika erinnert, kommen aus Schichten ans Tageslicht, die aus einer Warmzeit des Cromer-Komplexes vor ungefähr 600.000 Jahren stammen. Ein ähnliches Alter haben Ablagerungen des Neckar in Mauer bei Heidelberg, in denen am 21. Oktober 1907 der massive Unterkiefer des Heidelberg-Menschen *(Homo heidelbergensis)* zum Vorschein kam.

Im Fundgut der Archäologischen Denkmalpflege Hessen aus den Mosbach-Sanden sind Mosbacher Bären *(Ursus deningeri)* – nach den Beobachtungen des Paläontologen und Geologen Thomas Keller – die am häufigsten vertretenen Raubtiere. Der Artname dieses 1904 nach einem Fund aus Mosbach beschriebenen Bären erinnert an den in Mainz geborenen Geologen Karl Julius Deninger (1878–1917). Unter den im Naturhistorischen Museum Mainz aufbewahrten Fossilien aus den Mosbach-Sanden überwiegen bei den Raubtieren dagegen die Wölfe. Man kennt etliche Formen:

Mosbacher Löwe (Panthera fossilis)
mit einer Gesamtlänge bis zu 3,60 Metern,
von der 1,20 Meter auf den Schwanz entfallen.
Zeichnung: Shuhei Tamura, Kanagawa (Japan)

den kleinen Mosbacher Wolf *(Canis mosbachensis)*, die dort seltene Großform *Xenocyon lycaeonoides,* die Art *Cuon priscus,* die ein Vorfahre des heutigen Alpenwolfes sein dürfte, sowie eine kleine primitivere Vorform *(Cuon* cf. *priscus).* Die Abkürzung cf. verwendet man für das lateinische Wort confer (deutsch: vergleichbar).

Zu den größeren Raubtieren zählen außerdem die Streifenhyäne *(Hyaena perrieri),* die Tüpfelhyäne *(Crocuta crocuta praespelaea),* der Luchs *(Lynx issiodorensis),* der riesige Mosbacher Löwe *(Panthera fossilis),* der Europäische Jaguar *(Panthera gombaszoegensis),* der Gepard *(Acinonyx pardinensis)* und die löwengroße Säbelzahnkatze *(Homotherium crenatidens).*

Das Auftreten der Überreste von Tieren aus unterschiedlichen Biotopen in den Mosbach-Sanden kennzeichnet – nach Ansicht des Paläontologen und Geologen Thomas Keller – eine Grabgemeinschaft. Die meisten Hirschartigen, Wildschweine *(Sus scrofa),* der Waldwisent *(Bison schoetensacki),* der Europäische Waldelefant *(Palaeoloxodon antiquus),* das Waldnashorn *(Stephanorhinus kirchbergensis)* und der Mosbacher Bär *(Ursus deningeri)* waren enger an den Lebensraum Laubwald gebunden. Auch die sehr seltenen Affenreste *(Macaca* sp.*)* müssen aus diesem Bereich stammen. Der Lebensraum Wasser wird durch Reste von Fischen und Vögeln repräsentiert sowie durch Alt-Flusspferd *(Hippopotamus antiquus),* Bisamspitzmaus, Fischotter *(Lutra lutra)* und zahlreiche Biber *(Castor fiber, Trogontherium cuvieri).* Andere Tiere sind eher Bewohner einer baumlosen Tundra oder Steppe. Das Steppenmammut *(Mammuthus trogontherii),* der Steppenwisent *(Bison priscus),* große Raubkatzen (der Löwe *Panthera fossilis,* die Säbelzahnkatze *(Homotherium crenatidens),* der Europäische Jaguar (*Panthera gombaszoegensis*), der Gepard *(Acinonyx pardinensis)* und Wölfe (der kleine Mosbacher Wolf *(Canis mosbachensis)* sind typisch für eine offenere Landschaft.

Zahlreiche Knochen wurden vor ihrer Einbettung fragmentiert und sind jahrelang verwittert. Aasfressende Hyänen haben Tierkadaver verschleppt, zerlegt und längere Zeit auf der Erdoberfläche liegen gelassen., bevor sie durch periodische Hochwasser des Ur-Mains im Flussbett transportiert wurden. Bei nachlassender Strömungsgeschwindigkeit des Flusses sind Knochen abgesetzt worden. Nach Erkenntnissen von Thomas Keller traten in Mosbach 2 zunächst klimatisch anspruchsvolle Tierarten auf, die nicht ohne weiteres in kalten Zonen leben konnten. Dazu gehört das Alt-Flusspferd, dessen Anwesenheit auf ein mildes Klima mit im Winter weitgehend eisfreien Gewässern hindeutet. Andererseits gibt es sehr seltene Funde von Säugetieren, die an deutlich kaltzeitliche Bedingungen angepasst gewesen sind wie das Rentier und der Moschusochse. Dieser Gegensatz ist bisher nicht befriedigend zu erklären. „Nach allen bisherigen Überlegungen kann die Säugetierfauna von Mosbach 2 jedoch als eine überwiegend an mehr warmzeitliche Bedingungen angepasste Lebensgemeinschaft aufgefasst werden", so Keller.

Literatur
BITTMANN, Felix / BÖRNER, Andreas / DOPPLER, Gerhard / ELLWANGER, Dietrrich / HOSELMANN, Christian / KATSCHMANN, Lutz / SPRAFKE, Tobias / STRAHL, Jacqueline / WANSA, Stefan / WIELANDT-SCHUSTER, Ulrike: & Subkommission Quartär der Deut-

schen Stratigraphischen Kommission (2018): Das Quartär
in der Stratigraphischen Tabelle von Deutschland 2016. In:
Zeitschrift der Deutschen Gesellschaft für Geowissen-
schaften, PrePub-Article: DOI: https://doi.org/10.1127/
zdgg/2018/0123; Stuttgart 2018.
BOENIGK, Wolfgang: Zur petrographischen Gliederung
der Mosbacher Sande im Dyckerhoff-Steinbruch Wiesba-
den/Hessen. In: Mainzer Naturwissenschaftliches Archiv
16: S. 91–126, Mainz 1978
BOETTGER, Oscar: Ostdeutsche Arten im Mosbacher
Sande. In: Nachrichtenblatt der Deutschen Malakozoologischen Gesellschaft 17: S. 80–92, Frankfurt am Main 1885.
BOHATÝ, Jan: Das paläontologische Bodendenkmal
„Mos-bach-Sande, Steinbruch Ostfeld" (Wiesbaden) und
die lithostratigraphische Neugliederung der pleistozänen
Mosbach-Sande-Formation sensu Hoselmann. In: Jahr-
bücher des Nassauischen-Vereins für Naturkunde 139:
S. 51–65, Wiesbaden 2018.
BOHATÝ, Jan: Die ehemaligen Dyckerhoff-Steinbrüche
Wiesbadens im Mainzer Sedimentbecken – drei paläonto-
logische Bodendenkmäler von überregionaler Relevanz. In:
Jahrbücher des Nassauischen Vereins für Naturkunde 139:
S. 65–72, Wiesbaden 2018.
BRÜNING, Herbert: Die eiszeitliche Tierwelt im Rhein-
Main-Gebiet, Mosbacher Sande. In: Museumsführer Nr. 4,
Naturhistorisches Museum Mainz, 1972.
BRÜNING, Herbert: Vom Eiszeitalter im Mainzer Becken.
In: Museumführer Nr. 3, Naturhistorisches Museum Mainz,
1973.
BRÜNING, Herbert: Die eiszeitliche Tierwelt von Mos-
bach. Ihre Umwelt – ihre Zeit. In: Museumsführer Nr. 6,
Rheinische Naturforschende Gesellschaft zu Mainz in Ver-

bindung mit dem Naturhistorischen Museum Mainz, 1980.
FABER, Rolf: Moskebach – Biebrich-Mosbach 991–1971.
Chronik von Dr. Rolf Faber im Auftrag des Verschöne-
rungs- und Verkehrsvereins Biebrich am Rhein e. V., Wiesbaden-Biebrich 1991.
FISCHER, Nicole / AIGLSTORFER, Manuela / HERK-
NER, Bernd (Autoren): Wilde Welten der Urzeit,. Heraus-
gegeben vom Naturhistorischen Museum Mainz,. Oppenheim am Rhein 2022.
GELLER-GRIMM, Fritz: Museum Wiesbaden. Naturhistorische Sammlungen: Paläontologie. Die Mosbach-Samm-
lung, 15. Oktober 2001.
https://www.mwnh.de/samm022.html
HOPPE, Andreas / HOPPE, Dorothea: Aus dem Geolo-
gen-Archiv Freiburg. Geowissenschaftler und ihr Judentum
im deutschen Sprachraum des 19. und 20. Jahrhunderts. In:
Z. Dt. Ges. Geowiss. (German. J. Geol.) 169(1): S. 73--95,
Stuttgart 2018.
HOSELMANN, Christian (2007): Haupt-Mosbach-Sub-
formation In: Litho-Lex [Online-database], Hannover:
BGR. Last updated 7. 7. 2009 [cited26.10.2022]Record
No1000001. Available from: http://www.bgr.bund.de/
litholex.
HOSELMANN, Christian (2021): 5.2 Quartär – In:
Hessisches Landesamt für Naturschutz, Umwelt und
Geologie (Herausgeber): Geologie von Hessen; S. 416–461,
Stuttgart 2018.
KAHLKE, Hans-Dietrich: Die Eiszeit, Leipzig 1994.
KELLER, Thomas: Die eiszeitlichen Mosbach-Sande bei
Wiesbaden. Paläontologische Denkmäler in Hessen 3,
Wiesbaden 1994.

KELLER, Thomas: Die eiszeitlichen Mosbach-Sande bei
Wiesbaden: alt- und mittelpleistozäne Ablagerungen des
Ur-Maines. (= Paläontologische Denkmäler in Hessen.
Band 3). Landesamt für Denkmalpflege Hessen, Wiesbaden
1994.
KELLER, Thomas: Halt 2 – Pleistozäne Ablagerungen
der Mosbach-Sande im Dyckerhoff-Steinbruch, Wiesbaden,
S. 317–325. In: KELLER, Thomas / RADTKE, Gudrun:
Quartäre (Mosbach-Sande) und kalktertiäre Ablagerungen
im NE Mainzer Becken (Exkursion I. am 14. April 2007). –
Jahresberichte und Mitteilungen des Oberrheinischen Geo-
logischen Vereins, N. F. 89: S. 307–333, Stuttgart 2007.
KOENIGSWALD, Wighart von: Lebendige Eiszeit, Stuttgart 2002.
LEHMANN, Ulrich: Paläontologisches Wörterbuch. Stuttgart 1964.
MEYER, Hermann von: Mittheilung, an Professor Bronn
gerichtet (28. März 1842). In: Neues Jahrbuch für Mineralogie, Geognosie, Geologie und Petrefakten-Kunde. S. 579–
590, Stuttgart 1843.
NEUFFER: Fr. Otto: Herbert Brüning. In: Mainzer Natur-
wissenschaftliches Archiv 21: S. 1–3, Mainz 1983.
PROBST, Ernst: Deutschland in der Urzeit. Von der Ent-
stehung des Lebens bis zum Ende der Eiszeit. München
1986.
PROBST, Ernst: Deutschland in der Steinzeit. Jäger,
Fischer und Bauern zwischen Nordseeküste und Alpenraum. München 1991.
PROBST, Ernst. Der Ur-Rhein. Rheinhessen vor zehn
Millionen Jahren. München 2009.
PROBST, Eiszeitliche Raubkatzen in Deutschland. Mit

Zeichnungen von Shuhei Tamura. München 2011.
REID, Clement: The geology of the country around Cromer. In: Memoirs of the Geological Survey of England and Wales. S. 1–143, London 1882.
RÖMER, August: Verzeichnis der im Diluvialsande von Mosbach vorkommenden Wirbelthiere. In: Jahrbücher des Nassauischen Veriens für Naturkunde 48: S. 185–199, Wiesbaden 1895.
RÖMER, August: Nachtrag zu dem im vorigen Band der Jahrbücher erschienenen Verzeichnisse fossiler Wirbelthiere von Mosbach. In: Jahrbücher des Nassauischen Veriens für Naturkunde 49: S. 232, Wiesbaden 1896.
RUTTE, Erwin: Die Fundstelle altpleistozäner Wirbeltiere von Randersacker bei Würzburg. In: Geologisches Jahrbuch, 73:_ S. 737–754, Hannover 1958.
SANDBERGER, Fridolin: Über die geognostische Zusammensetzung der Umgebung von Wiesbaden (vorgetragen am 31. 8. 1848). In: Jahrbücher des Vereins für Naturkunde im Herzogtum Nassau 6: S. 1–37, Wiesbaden 1850.
SANDBERGER, Fridolin: Die Land- und Süsswasser-Conchylien der Vorwelt. Wiesbaden 1870–1875.
SCHMIDT, Robert Rudolf / KOKEN, Ernst / SCHLIZ, Alfred: Die diluviale Vorzeit Deutschland, Stuttgart 1912.
SELDEN, Paul / NUDDS, John: Fenster zur Evolution. Berühmte Fossilienfundstellen der Welt, München 2007.
WIKIPEDIA (Online-Lexikon): Clement Reid. https://de.wikipedia.org/wiki/Clement_Reid
WIKIPEDIA (Online-Lexikon): Cromer. https://de.wikipedia.org/wiki/Cromer

WIKIPEDIA (Online-Lexikon): Cromer-Komplex.
https://de.wikipedia.org/wiki/Cromer-Komplex
WIKIPEDIA (Online-Lexikon): Dyckerhoffbruch.
https://de.wikipedia.org/wiki/Dyckerhoffbruch
WIKIPEDIA (Online-Lexikon): Mosbacher Sande.
https://de.wikipedia.org/wiki/Mosbacher_Sande
WIKIPEDIA (Online-Lexikon): Frederick Everard Zeuner.
https://de.wikipedia.org/wiki/Frederick_Everard_Zeuner
WILDE, Volker / KAISER, Thomas M. / KELLER,
Thomas: Erste Funde von Blättern aus dem Bereich der
mittelpleistozänen Mosbach-Sande von Wiesbaden-Biebrich
(Hessen): In: Geologisches Jahrbuch Hessen 132: S. 131–
138, Wiesbaden 2005.
WOLF, Heinrich: Museologe aus Leidenschaft. Prof. Dr.
Herbert Brüning zur Vollendung seines 60. Lebensjahres. In:
Mainzer Naturwissenschaftliches Archiv 10: S. 213–221,
Mainz 1971.
WOLF, Joachim: Wilhelm von Reichenau (*1847–†1925).
Leben und Wirken. In: Mainzer Naturwissenschaftliches
Archiv 47: S. 129–137, Mainz 2009.
WÜRZ, Markus: 175 Jahre Rheinische Naturforschende
Gesellschaft und 100 Jahre Naturhistorisches Museum
Mainz. In: Mainzer Naturwissenschaftliches Archiv 47:
S. 35–88. Mainz 2009.
ZAGWIJN, Waldo H.: Variations in climate as shown by
pollen analysis, especially in the lower Pleistocene of
Europe. In: Ice Ages: Ancient and modern. S. 137–152,
Liverpool 1975.

Löwengroße Säbelzahnkatze Homotherium.
Zeichnung: Shuhei Tamura, Kanagawa (Japan)

Der Menschenfresser

Die Säbelzahnkatze *Homotherium* aus Wiesbaden

Die löwengroße Säbelzahnkatze *Homotherium* existierte in Afrika und Europa bereits im Pliozän vor mehr als 4 Millionen Jahren. Letzte Funde aus dem „Schwarzen Erdteil" sind rund 1,5 Millionen Jahre alt. In Europa, Asien, Nordamerika und Südamerika dagegen behauptete sich *Homotherium* bis zum Ende des Eiszeitalters vor ungefähr 11.700 Jahren. Lange, nachdem man anderswo fossile Reste von Säbelzahnkatzen gefunden hat, entdeckte man 1970 auch aus den etwa 600.000 Jahre alten Mosbach-Sanden bei Wiesbaden erstmals Knochen und Zähne von *Homotherium*. Doch nun der Reihe nach.

Homotherium gehört zu den Säbelzahnkatzen und nicht zu den Dolchzahnkatzen. Die Aufsplitterung in Säbelzahnkatzen (englisch: saber-toothed cats, scimitar-toothed cats oder scimitar cats) und Dolchzahnkatzen (englisch: dirk-toothed cats) stößt nicht nur auf Gegenliebe. Säbelzahnkatzen heißen – dieser Einteilung zufolge – nur schlanke Gattungen wie *Machairodus* und *Homotherium* mit verhältnismäßig langen Beinen sowie kürzeren, breiteren, stark gebogenen, krummsäbelartigen Eckzähnen. Dolchzahnkatzen wie die Gattungen *Megantereon* und *Smilodon* dagegen waren eher robust gebaut, besaßen kurze und kräftige Beine, einen gestreckten Körper und trugen längere und schmalere Eckzähne. Viele Laien können mit dem Begriff Dolchzahnkatzen wenig anfangen, weil ihnen seit langer Zeit nur die Namen Säbelzahntiger oder Säbelzahnkatze vertraut sind.

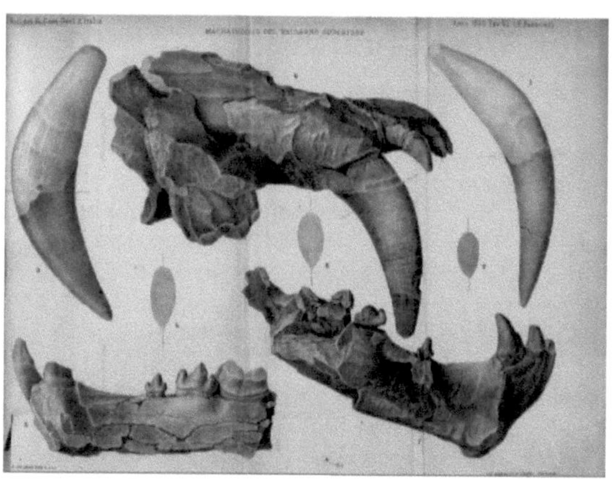

*Tafel aus dem Werk „I. Machairodus (MegAnthereon)
de Valdarno Superiore; Memoria del Dott. Emilio Fabrini".
In: Bollettino del R. Comitato geologico d'Italia III(1): 1890.*

*Der etwas in Vergessenheit geratene Naturforscher und Lehrer
Emilio Fabrini wurde am 13. November 1864 in Montaione
(Toskana) geboren (von daher auch die Namensführung Fabrini di
Montaione) und ist am 10. August 1929 in Pistoia (Toskana)
gestorben. Seine Familie wurde am 22. März 1787 in Florenz
geadelt. Fabrini heiratete 1899 Giuseppa Bonaiuti (gestorben
1936), mit der er 4 Kinder hatte: Mario (geb. Lucca 1901),
Eugenia (geb. Lucca 1902, Dott. lett.), Eugenio (geb. Lucca 1904,
gest. Florenz 1952, Dott. chimica), Teresa (geb. Pistoia 1905). Die
Angaben über Emilio Fabrini verdanke ich Dr. Marion Stein vom
Deutschen Adelsarchiv in Marburg.*

Emilio Fabrini (1864–1929, stehend, 4. von links), Naturforscher und Lehrer an der Schule „Liceo classico Niccolò Forteguerri" in Pistoia, gemeinsam mit seinen Kollegen und einer Kollegin, sowie dem dort seit 1923 tätigen Direktor und Historiker Quinto Santoli (1875–1959, sitzend, 2. von links) auf einem undatierten Foto (vermutlich aus den 1920er Jahren). Aufgenommen von dem bekannten Fotografen Pirro Fellini, der in dieser Zeit das „Studio Fotografico Pirro Fellini & Figlia" an der Piazza S. Domenico in Pistoia führte. Stehend von links: Carlo Villani, Luigi Greco, Elisei, Emilio Fabrini, Alfredo Chiti. Sitzend von links: Michele Losacco, Quinto Santoli, Frau Castagnoli.
Foto: Sammlung Alfredo Chiti (1874–1957, von 1935 bis 1956 Direktor des Stadtmuseums in Pistoia). Die Veröffentlichung der Aufnahme (ICO.CHITI Foto 5/26) erfolgt mit freundlicher Genehmigung der Bibliotheca Comunale Forteguerriana in Pistoia.

Der Name *Homotherium* wurde 1890 von dem in Montaione geborenen italienischen adeligen Naturforscher und Gymnasiallehrer Emilio Fabrini (1864–1929) für eine neue Untergattung der bereits bekannten Gattung *Machairodus* vorgeschlagen. Deren Hauptunterscheidungs-Merkmal war das Vorhandensein einer großen Lücke (Diastema) zwischen den beiden unteren Prämolaren. Bei der wissenschaftlichen Untersuchung hatten Fabrini fossile Reste aus dem Arnotal (Val d'Arno) in der Toskana vorgelegen, die im Paläontologischen Museum der Unversität Florenz aufbewahrt werden. Der Gattungsname *Homotherium* soll zu deutsch „Menschenfressende Bestie" bedeuten.
Zu den am besten erhaltenen Funden von *Homotherium crenatidens* aus Europa gehört ein 1925 entdecktes, ungefähr 1,8 Millionen Jahre altes Skelett aus Senèze, einem Weiler bei Brioude (Département Haute-Loire), südwestlich von Lyon, in Frankreich. Dieses Skelett hat eine Schulterhöhe von rund 95 Zentimetern und eine Kopf-Rumpf-Länge von ca. 1,55 Meter. Der lange und schmale Schädel ist rund 25 Zentimeter lang, der Unterkiefer viel robuster und massiver als bei heutigen Katzen, der Hals sehr lang, der Schwanz dagegen kurz. Größer und robuster als bei einem heutigen Löwen oder Tiger sind die beiden Schulterblätter. Die Gliedmaßen wirken schlanker als bei heutigen Katzen.
Lange glaubte man, die Gattung *Homotherium* sei in Europa bereits im Eiszeitalter vor etwa 500.000 oder 300.000 Jahren ausgestorben. Doch am 16. März 2000 wurde in der Nordsee, die im Eiszeitalter zeitweise Festland („Nordseeland") gewesen war, ein nur etwa 28.000 Jahre alter Unterkieferast der kleinen Säbelzahnkatze *Homotherium latidens* entdeckt. Dieses südwestlich der Braunen Bank auf halbem

Weg zwischen IJmuiden (Niederlande) und Lowesroft (Ostengland) von dem niederländischen Kutter „UK33" aufgefischte Fossil gilt als jüngster Fund einer Säbelzahnkatze in Europa und Asien.

Im Eiszeitalter gab es vielleicht 2 Arten der Säbelzahnkatzen-Gattung *Homotherium* in Europa. Die größere und schwerere davon namens *Homotherium crenatidens* hatte eine Schulterhöhe von ca. 1,10 Meter und eine Gesamtlänge von etwa 1,90 Metern. Männliche Tiere von *Homotherium crenatidens* erreichten – nach Angaben des Mainzer Zoologen Helmut Hemmer – ein Gewicht bis zu ca. 400 Kilogramm, weibliche Tiere bis zu etwa 170 Kilogramm. Ein Schädelfund von *Homotherium crenatidens* aus Perrier in der Auvergne (Département Puy de Dôme) in Frankreich misst 30,2 Zentimeter Länge. Merklich kleiner ist ein 23,4 Zentimeter langer *Homotherium*-Schädel aus Zhoukoudien (früher: Choukoutien) bei Peking in China.

Die Säbelzahnkatze *Homotherium* besaß insgesamt 28 Zähne. Davon befanden sich 14 im Oberkiefer und 14 im Unterkiefer. Der linke und der rechte Ast im Oberkiefer sowie der linke und der rechte Ast im Unterkiefer verfügten über jeweils 7 Zähne. Nämlich (von vorne nach hinten gesehen) jeweils 3 Schneidezähne (Incisiven), 1 Eckzahn (Caninus), 2 Vorderbackenzähne (Prämolaren P3 und P4) und 1 Backenzahn (Molar). Der Backenzahn (M1) im Oberkiefer ist sehr klein, weshalb er oft in der Zahnformel nicht erwähnt wird, aber anatomisch betrachtet ist es ein Molar.

Die Eckzähne von *Homotherium* sind stark gebogen, breit und sehr flach. An den Schnittflächen haben sie eine feine Zähnelung. Auch die Schnittflächen der Schneidezähne

Mainzer Zoologe Helmut Hemmer.
Foto: Thüringer Zoopark Erfurt

und Backenzähne weisen eine Zähnelung auf. Ein Eckzahn einschließlich Wurzel aus dem Oberkiefer von *Homotherium crenatidens* von Untermaßfeld bei Meiningen in Thüringen ist respektable 15,8 Zentimeter lang. Ähnlich groß ist ein 15,4 Zentimeter langer Eckzahn von *Homotherium* sp. aus Milia bei Grevena (Makedonien) in Griechenland.

Homotherium crenatidens lebte vom frühen bis zum mittleren Eiszeitalter vor schätzungsweise 2,6 Millionen bis vor etwa 300.000 Jahren in warmen und feuchten Biotopen. Nach Berechnungen des Mainzer Zoologen Helmut Hemmer jagte diese große Säbelzahnkatze erwachsene Nashörner und Flusspferde und vielleicht auch junge Elefanten.

Die kleinere und leichtere Nachfolgeart *Homotherium latidens* erreichte ein Gewicht bis zu rund 250 Kilogramm. Sie behauptete sich vom mittleren bis zum späten Eiszeitalter und hatte sich an die kalte und trockene Steppenlandschaft angepasst. Sie konnte – laut Hemmer – bis zu 2000 Kilogramm schwere Tiere bezwingen.

Wie die Gattung *Homotherium* wurde auch die Art *Homotherium crenatidens* 1890 von dem italienischen Naturforscher und Gymnasiallehrer Emilio Fabrini aus Florenz erstmals beschrieben. Vorher hatte er Funde aus dem Arnotal in der Toskana, die im Paläontologischen Museum der Universität Florenz aufbewahrt werden, wissenschaftlich untersucht.

Die erste Beschreibung der Art *Homotherium latidens* erfolgte 1846 durch den englischen Paläontologen Richard Owen (1804–1892) aus London in dessen Werk „History of British Mammals and Birds". Er hatte ein halbes Dutzend Eckzähne aus der Höhle Kent's Cavern (Kent's Hole) in Devonshire (England) untersucht und als *Machairodus*

Englischer Paläontologe Richard Owen (1804–1892),
Erstbeschreiber der Säbelzahnkatze Homotherium latidens.
Bild: Von Herbert Rose Barraud (1845–1896)
geschaffenes Porträt aus den späten 1880er Jahren.
Bild: via Wikimedia Commons,
Lizenz: gemeinfrei (Public domain)

latidens bezeichnet. Zuvor hatte der englische Gelehrte
William Buckland (1784–1856) bereits auf die Ähnlichkeit
dieser Eckzähne mit Funden aus dem Arnotal in der
Toskana (Italien) und aus Deutschland (Eppelsheim in
Rheinhessen) hingewiesen.
Im Gegensatz zu anderen Experten vermutet der britische
Wissenschaftler Alan Turner aus Liverpool, in Europa habe
während des Eiszeitalters – also in der Zeitspanne vor ca.
2,6 Millionen bis vor etwa 11.700 Jahren – nur eine einzige
Art der Säbelzahnkatzen existiert. Dabei handelt es sich
nach seiner Ansicht um *Homotherium latidens*.
Fossile Reste der Säbelzahnkatze *Homotherium* hat man auch
in Deutschland entdeckt. Knapp 2 Millionen Jahre alt soll
der Schädel eines Jungtieres von *Homotherium crenatidens*
sein, der in der Spaltenfüllung NL11 eines Steinbruches bei
Neuleiningen unweit von Grünstadt in Rheinland-Pfalz
zum Vorschein kam. Der Schädel der jungen Säbelzahnkatze dokumentiert den Zahnwechsel von der Milchbe-
zahnung zur definitiven Bezahnung und wird im Pfalz-
museum für Naturkunde in Bad Dürkheim aufbewahrt. In
einer etwas mehr als 1 Million Jahre alten Schicht derselben
Spaltenfüllung bei Neuleiningen hat man Kieferteile und 4
Einzelzähne von *Homotherium crenatidens* sowie Fossilien des
Europäischen Jaguars *(Panthera gombaszoegensis)* geborgen.
Ein Unterkiefer und 4 Eckzähne mit einer erhaltenen
Gesamtlänge bis zu 7,2 Zentimetern befinden sich in der
Sammlung Ulrich H. J. Heidtke, Niederkirchen (Pfalz).
Über 1 Million Jahre alt ist die bei Untermaßfeld nahe
Meiningen in Thüringen nachgewiesene Säbelzahnkatze
Homotherium crenatidens. Nach Ansicht des Mainzer Zoo-
logen Helmut Hemmer war diese Raubkatze mit einem

Paläontologe Ralf-Dietrich Kahlke,
ehemaliger Leiter der Senckenberg Forschungsstation
für Quartärpaläontologie in Weimar.
Foto: Archiv Senckenberg Forschungsstation
für Quartärpaläontologe, Weimar

Gewicht von schätzungsweise 210 bis 400 Kilogramm größer als ein heutiger Sibirischer Tiger.

Die Tierwelt von Untermaßfeld gehört in den Bavelium-Komplex (etwa 1,07 Millionen bis 990.000 Jahre), auch als Bavel-Komplex oder Bavelium bezeichnet. Das Bavelium wurde 1983 von dem niederländischen Geologen Waldo H. Zagwijn (1928–2018) und dem Palynologen Jan de Jong, beide am Rijksgeologischen Dienst in Haarlem tätig, beschrieben.

Die etwa 1 Million Jahre alten Funde aus dem Flussbett der Ur-Werra bei Untermaßfeld ermöglichen faszinierende Einblicke in die Tierwelt des Bavelium. Bei den Ausgrabungen des Weimarer Paläontologen Ralf-Dietrich Kahlke kamen Reste ungewöhnlich vieler Tiere zum Vorschein, die bei Hochwasser ums Leben gekommen waren. In diesem Leichenfeld aus dem Eiszeitalter lagen Fossilien vom Flusspferd *(Hippopotamus amphibius antiquus)*, Südmammut *(Mammuthus meridionalis)*, der Dolchzahnkatze *(Megantereon cultridens adroveri)*, der Säbelzahnkatze *Homotherium crenatidens)*, vom Europäischen Jaguar *(Panthera gombaszoegensis)*, Puma *(Puma pardoides)*, Gepard *(Acinonyx pardinensis pleistocaenicus)*, Luchs *(Lynx issiodorensis)*, der Hyäne *(Pachycrocuta brevirostris)* und vom Makaken *(Macaca sylvanus)*.

Die Fundstelle bei Untermaßfeld gilt als die mit Abstand wichtigste und reichhaltigste ihrer Zeitstellung in Europa. Insgesamt wurden mehr als 18.000 Wirbeltierreste (davon über 7000 von Kleinsäugern) von rund 100 Arten geborgen. Darunter befinden sich spektakuläre Entdeckungen. Die Flusspferde aus Untermaßfeld gelten als die größten aller Zeiten. Weitere Raritäten sind der früheste Jaguar und Gepard aus Deutschland. Zudem entdeckte man bei

Fund aus dem Jahr 1960:
Oberschenkelknochen
der Säbelzahnkatze
Homotherium crenatidens
aus den etwa 600.000 Jahre
alten Mosbach-Sanden
bei Wiesbaden.
Länge: 20,5 Zentimeter.
Originalfund
(Inventarnummer MNHM
PW 1960/92)
im Naturhistorischen
Museum Mainz
In den Mosbach-Sanden
wurden 1950 auch ein
Oberarmbeinfragment und
1963 ein Mittelhandknochen
der Säbelzahnkatze
Homotherium entdeckt.
Auch diese Funde liegen
im Naturhistorischen Museum
Mainz.
Foto: Naturhistorisches
Museum Mainz /
Landessammlung für Natur-
kunde Rheinland-Pfalz

Untermaßfeld neue Tierarten wie *Bison menneri*, das Reh
Capreolus cusanoides, den großen Hirsch *Arvernensis giulii*
(früher: *Eucladoceros giulii)*, das Wildpferd *Equus wuesti* und
den Bären *Ursus rodei*. *Bison menneri* ist mit einer Schulterhöhe von 1,78 Meter der größte Bison aller Zeiten. Die
Hyäne *Pachycrocuta brevirostris* mit den Maßen einer Löwin
gilt als größter knochenbrechender Fleischfresser.
Der eigenständige Charakter, die Vollständigkeit und die
gute Überlieferungsqualität der Untermaßfelder Säugetierfossilien haben Ralf-Dietrich Kahlke 2007 bewogen, für die
Zeit vor etwa 1,2 Millionen bis 900.000 Jahren den Begriff
Epi-Villafranchium vorzuschlagen.
Ähnlich alt wie die Fauna aus der Gegend von Untermaß-
feld ist die Tierwelt vom Fischgrund Het Gat südöstlich der
Braunen Bank in der Nordsee. Fischer hatten dort bereits
1874 Knochen von Säugetieren aus dem Eiszeitalter ent-
deckt.
Säbelzahnkatzen-Fossilien von *Homotherium crenatidens* aus
den Mosbach-Sanden bei Wiesbaden in Hessen und den
Mauerer Sanden von Mauer bei Heidelberg in Baden-
Württemberg sind rund 600.000 Jahre alt. Die Fossilien von
Homotherium crenatidens aus den Mosbach-Standen stammen
aus dem Fundkomplex Mosbach 2.
Ein 1963 entdeckter Mittelhandknochen aus den Mosbach-
Sanden stammt von der Säbelzahnkatze *Homotherium crenatidens*. Dieser seltene Fund wurde 1970 von der Göttinger
Paläontologin Gerda Schütt (1931–2007) identifiziert und
publiziert. Im Nachtrag ihrer Arbeit erwähnte sie, dass
während der Drucklegung 2 weitere Knochen aus den Mosbach-Sanden als zu *Homotherium* gehörig erkannt wurden:
1 Oberarmknochenfragment (NMM 1950/298) und

1 Oberschenkelfragment (NMM PW1960/92). Diese 3 Originalfunde werden im Naturhistorischen Museum Mainz aufbewahrt.

2 Eckzähne, 1 Zahnfragment, 3 Mittelhandknochen, 3 Oberschenkelknochen, ein in 4 Teile zerbrochenen Schienbeinknochen, 1 Elle und 1 Handwurzelknochen der Säbelzahnkatze *Homotherium crenatidens* hat man in Mauer bei Heidelberg entdeckt. Davon sind nur für 1 Eckzahn (1929) und für 2 Mittelhandknochen (1931) das Funddatum bekannt. Die Originalfunde liegen im Staatlichen Museum für Naturkunde Karlsruhe und im Staatlichen Museum für Naturkunde Stuttgart. Mauer ist der weltbekannte Fundort des rund 600.000 Jahre alten Unterkiefers des Heidelberg-Menschen *(Homo heidelbergensis)*.

Aus Weimar-Süßenborn in Thüringen liegt 1 Vorderbackenzahn des linken Oberkieferastes der Säbelzahnkatze *Homotherium* sp. vor. Die Tierwelt von Weimar-Süßenborn ist – nach Angaben des Weimarer Paläontologen Lutz Christian Maul – etwas mehr als 600.000 Jahre alt. Der Vorderbackenzahn könnte also von *Homotherium crenatidens* stammen. Ein merklich geologisch jüngeres Alter hat ein fragmentarisch erhaltener oberer Eckzahn der kleinen Säbelzahnkatze *Homotherium latidens* aus Steinheim an der Murr (Kreis Ludwigsburg) in Baden-Württemberg. Er kam 1956 in einer etwa 300.000 Jahre alten Schicht zum Vorschein und wurde 1961 von dem Paläontologen Karl Dietrich Adam (1921–2012) als *Homotherium* sp. publiziert. Steinheim an der Murr ist der berühmte Fundort des Steinheim-Menschen *(Homo steinheimensis)*, von dem am 24. Juli 1933 in der Sandgrube Sigrist der Schädel einer Frau entdeckt wurde.

Auch in Österreich hat man Reste der Säbelzahnkatze

Homotherium geborgen. Aus einer Spaltenfüllung bei Hundsheim in der Gegend von Deutsch-Altenburg in Niederösterreich ist die aus Böhmen bekannte Art *Homotherium moravicum* durch den Fund eines Fingergliedes nachgewiesen. An der Fundstelle Deutsch-Altenburg 1 in Niederösterreich entdeckte man die erstmals aus Frankreich beschriebene Art *Homotherium sainzelli*, die heute als Synonym von *Homotherium crenatidens* gilt.

Bei *Homotherium* waren die Vorderbeine länger als die Hinterbeine. Der deswegen nach hinten abfallende Körper, die dünnen Beine und der verhältnismäßig lange Hals verliehen dieser Säbelzahnkatze ein hyänenartiges Aussehen. Wie Bären und der Mensch trat *Homotherium* mit der ganzen Sohle auf (Sohlengänger) anstatt nur mit den Zehen (Zehengänger) wie die meisten Katzen.

Homotherium gehörte zu den Säbelzahnkatzen, deren Eckzähne an Krummsäbel erinnerten. Diese Raubkatze trug kürzere, flachere Eckzähne als andere Arten der Säbelzahnkatzen. Und ihre Eckzähne waren wie ein Krummsäbel nach hinten gebogen. Das Fell von *Homotherium* könnte als Anpassung an die Gegebenheiten des Eiszeitalters wie bei modernen arktischen Fleischfressern weißlich bis hellgrau gefärbt gewesen sein.

Die Säbelzahnkatze *Homotherium* war ein gefürchteter Feind von Vormenschen *(Australopithecus)* und Frühmenschen *(Homo erectus* und *Homo heidelbergenis)*. Ein Gemälde des tschechischen Malers Zdenek Burian (1905–1981) zeigt eine dramatische Begegnung zwischen Frühmenschen und einer Säbelzahnkatze. Die große Raubkatze steht bereits mit der rechten Pranke und weit aufgerissenem Maul auf einem liegenden Frühmenschen, dessen Begleiter flüchten.

*Rekonstruktion der Säbelzahnkatze Homotherium latidens
des niederländischen Bildhauers Remie Bakker aus Rotterdam.
Reproduktion aus: Dick Mol / Wilrie van Logchem / Kees
van Hooijdonk / Remie Bakker: The Saber-Toothed Cat
of the North Sea, Norg 2008.*

*Rekonstruktion der Säbelzahnkatze Homotherium.
Zeichnung von ,Max Wild (1911–2000), Kulmbach*

*Modell der Säbelzahnkatze Homotherium latidens
aus dem Eiszeitalter, angefertigt von dem niederländischen
Bildhauer Remy Bakker aus Rotterdam.
Foto: Rene Bleuanus, Gorinchem, Niederlande*

Begegnungen mit Säbelzahnkatzen dürften noch für den Heidelberg-Menschen *(Homo heidelbergenis)* vor rund 600.000 Jahren lebensgefährlich gewesen sein. Denn diese Frühmenschen verfügten – nach den Funden zu urteilen – immer noch über keine wirkungsvollen Waffen. Stoßlanzen und Wurfspeere standen vermutlich erst zwischen etwa 400.000 und 300.000 Jahren zur Verfügung, wie Funde von 8 ca. 1,80 bis zu 2,50 Meter langen Speeren im Baufeld Süd des Braunkohletagebaus Schönfeld (Landkreis Helmstedt) in Niedersachsen belegen.

Spätestens zwischen etwa 400.000 und 300.000 Jahren also hat sich die Lage zugunsten der Menschen verändert. Nun gehörte beispielsweise der riesige Mosbacher Löwe mit einer imposanten Gesamtlänge bis zu 3,60 Metern bereits zur Jagdbeute von Frühmenschen *(Homo erectus bilzings-lebenensis)*, wie als Speiseabfälle gedeutete Reste bei Ausgrabungen in Bilzingsleben (Kreis Artern) in Thüringen bezeugen. Auch Begegnungen zwischen Frühmenschen und Säbelzahnkatzen dürften nun dank Waffen oft anders als früher verlaufen sein.

Die kleine Säbelzahnkatze *Homotherium latidens* war ein Zeitgenosse des Höhlenlöwen *(Panthera spelaea)*. Wenn es zu einem Kampf zwischen der Säbelzahnkatze und einem Höhlenlöwen kam, zog Erstere wohl den Kürzeren. Denn die Säbelzahnkatze besaß eine schwächere Statur, ein niedrigeres Gewicht, weniger Muskelkraft, kleinere Klauen und fragilere Zähne als der Höhlenlöwe.

Natürlich haben auch Neandertaler *(Homo neanderthalensis)* und frühe Jetztmenschen *(Homo sapiens)* die kleine Säbelzahnkatze *Homotherium latidens* gekannt. Indizien hierfür sind eine Tierfigur aus der Höhle Isturitz bei Biarritz

(Frankreich) und ein Eckzahn von *Homotherium latidens* aus der Robin Hood Cave (England) mit angeblichen Spuren menschlicher Bearbeitung an der Wurzel. Dieser Eckzahn könnte als Schmuckstück oder Amulett gedient haben.

Literatur

BRÜNING, Herbert: Die eiszeitliche Tierwelt im Rhein-Main-Gebiet, Mosbacher Sande. In Museumsführer Nr. 4, Naturhistorisches Museum Mainz, 1972.

DÖPPES, Doris / RABEDER, Gernot: Pliozäne und pleistozäne Faunen Österreichs. Ein Katalog der wichtigsten Fundstellen und ihrer Faunen (Endbericht des Forschungsberichtes Nr. 9320 des „Fonds zur Förderung der wissenschaftlichen Forschung") mit Beiträgen von Petra Cech, Doris Döppes, Thomas Einwögerer, Florian A. Fladerer, Christa Frank, Karl Mais, Doris Nagel, Marion Niederhuber, Martina Pacher, Rudolf Pavuza, Gernot Rabeder, Christian Reisinger, Harald Temmel, Gerhard Withalm. In: Mitteilungen der Kommission für Quartärforschung der Österreichischen Akademie der Wissenschaften, Band 10, Wien 1997.

FABRINI, Emilio: *I Machairodus (Megantbereon)* de Valdarno superiore; memoria del Dott. Emilio Fabrini. In: Bollettino del R. Comitato geologico d'Italia III(1): S. 121–177, 1890.

HEMMER, Helmut: Die Feliden aus dem Epivillafranchium von Untermaßfeld. In: KAHLKE, Ralf-Dietrich (Herausgeber): Das Pleistozän von Untermaßfeld bei Meiningen (Thüringen). Teil 3. In: Monographien des Römisch-Germanischen Zentralmuseums 40/3: S. 699–782, Mainz 2001

HEMMER, Helmut: Pleistozäne Katzen Europas – eine Übersicht. In: Cranium, Amsterdam 2004.

HEMMER, Helmut / KAHLKE, Ralf-Dietrich / VEKUA, Abesalom K.: The Old World puma – *Puma pardoides* (Owen, 1946) (Carnivora: Felidae) – in the lowe Villafranchian (Upper Pliocene) of Kvabesi (East Georgia, Transcaucasia) and its evolutionary and biogeographical significance. Neues Jahrbuch für Geologie und Paläontologie, Abhandlungen 233(2): S. 197–321, Stuttgart 2004.

JÖRDENS. Judith: Über 18.000 Funde. Forschungsgrabung in Untermaßfeld abgeschlossen. In: Pressemitteilung, Senckenberg Pressestelle, Senckenberg Forschungsinstitut und Naturmuseum. Frankfurt am Main, 20. 1. 2022.

JÖRDENS. Judith: Hinterlassene Spuren. In: Pressemitteilung, Senckenberg Pressestelle, Senckenberg Forschungsinstitut und Naturmuseum (Zur Verabschiedung von Prof. Dr. Ralf-Dietrich Kahlke, Senckenberg Forschungsstation für Quartärpaläontologie, Weimar). Frankfurt am Main, 30. 5. 2022.

KAHLKE, Ralf-Dietrich (Herausgeber): Das Pleistozän von Untermaßfeld bei Meiningen (Thüringen). Teil 1. In: Monographien des Römisch-Germanischen Zentralmuseums, Mainz 1997.

KAHLKE, Ralf-Dietrich (Herausgeber): Das Pleistozän von Untermaßfeld bei Meiningen (Thüringen). Teil 2. In: Monographien des Römisch-Germanischen Zentralmuseums, Mainz 2001.

KAHLKE, Ralf-Dietrich (Herausgeber): Das Pleistozän von Untermaßfeld bei Meiningen (Thüringen). Teil 3. In: Monographien des Römisch-Germanischen Zentralmuseums, Mainz 2001.

LIBRO DELLA NOBILTÀ ITALIANA (già LIBRO D'ORO DELLA NOBILTÀ ITALIANA): Fabrini. Edizione IX. Volume IX 1937–1939: S. 525, Rom 1939.

MOL, Dick / LOGCHEM, Wilrie van / HOOIJDONK, Kees van / BAKKER, Remie: The Saber-Toothed Cat of the Nord sea, Norg 2008

PROBST, Ernst: Deutschland in der Urzeit. Von der Entstehung des Lebens bis zum Ende der Eiszeit. München 1986.

PROBST, Ernst: Deutschland in der Steinzeit. Jäger, Fischer und Bauern zwischen Nordseeküste und Alpenraum. München 1991.

PROBST, Ernst: Säbelzahnkatzen. Von *Machairodus* bis zu *Smilodon*. München 2009.

PROBST, Ernst: Die Dolchzahnkatze *Megantereon*. München 2011.

PROBST, Ernst: Die Säbelzahnkatze *Homotherium*. München 2011.

WIKIPEDIA (Online-Lexikon): *Homotherium*.
https://de.wikipedia.org/wiki/Homotherium

WIKIPEDIA (Online-Lexikon): Säbelzahnkatzen.
https://de.wikipedia.org/wiki/S%C3%A4belzahnkatzen

August Römer (1825–1899),
von 1886 bis 1899 Präparator und Konservator
für das Museum Wiesbaden.
Foto: Museum Wiesbaden,
Naturwissenschaftliche Sammlung

Mosbach-Mensch?

Umstrittene Funde aus den Mosbach-Sanden

In Wiesbaden und Mainz gab es immer wieder Menschen, die glaubten, sie hätten in den Mosbach-Sanden bei Wiesbaden eindeutige Beweise für die Anwesenheit von Frühmenschen gefunden. Einer davon war August Römer (1825–1899), der 1839 „in die Lehre und in den Dienst" des Nassauischen Vereins für Naturkunde in Wiesbaden trat und „Unterricht im Zubereiten und der Aufstellung der Naturalien" erhielt. Seine weitere Ausbildung erfolgte im Naturhistorischen Museum Leiden in den Niederlanden. 1853 wurde er in den Staatsdienst aufgenommen. Weitere wissenschaftliche Ausbildung erhielt er an der Wiesbadener Landwirtschaftlichen Lehranstalt.

Für den Geologen, Paläontologen und Mineralogen Fridolin Sandberger (1826–1898), Direktor (Inspektor) des Wiesbadener Naturhistorischen Museums von 1851 bis 1855, sammelte Römer eifrig Fossilien aus den Mosbach-Sanden. Römer trug eine wertvolle, später vom Museum angekaufte Sammlung zusammen. Sandberger wurde bereits 1846 als 19-Jähriger in Gießen promoviert und war ab 1855 Professor für Mineralogie am Polytechnikum in Karlsruhe sowie von 1863 bis 1896 außerordentlicher Professor für die gleichen Fächer in Würzburg. .

August Römer arbeitete von 1886 bis 1899 als Präparator und Konservator für das Museum Wiesbaden. Sein Leben und Wirken wurde 2003 von dem Wiesbadener Paläontologen Thomas Keller in „Jahrbücher des Nassauischen Vereins für Naturkunde" geschildert.

*Vermeintliche Knochenwerkzeuge aus etwa 600.000 Jahre alten
Ablagerungen der Mosbach-Sande bei Mainz-Amöneburg (Hessen)
im Naturhistorischen Museum Mainz.
Rechts ein ca. 20 Zentimeter langer dolchförmiger Pferdeknochen.
Abgüsse der im Zweiten Weltkrieg zerstörten Originale
im Naturhistorischen Museum Mainz.
Foto: Naturhistorisches Museum Mainz /
Landessammlung für Naturkunde Rheinland-Pfalz*

Römer sammelte oder kaufte 1874/1875 kleine und unscheinbare Knochenfragmente eines Hirsches *(Cervus acoronatus)* und eines Elches *(Alces latifrons)* aus den Mosbach-Sanden, von denen er vermutete, eiszeitliche Menschen hätten diese bearbeitet. Fundorte dieser Knochenfragmente waren Sandgruben an der rechten und linken Seite der von Wiesbaden nach Mosbach führenden Chaussee. Auf von Römer beschrifteten Etiketten ist von durch Menschenhand bearbeiteten (gespaltenen) und zugespitzten Knochen die Rede. In einer Publikation von 1875 erwähnte Sandberger kurz, die Gattung *Homo* sei in den Mosbach-Sanden „nur durch einen gespaltenen Knochen nachgewiesen". Aus heutiger Sicht ist klar, dass für die Fragmentierung der von Römer gesammelten oder gekauften Hirsch- und Elchfossilien keine Menschen in Frage kommen, sondern Raubtiere aus dem Eiszeitalter.

Sehr umstritten sind auffällig geformte Knochen von Wildpferd, Wisent und Elefant, die 1929, 1931 und 1936 in mehr als 600.000 Jahre alten Ablagerungen der Mosbach-Sande bei Mainz-Amöneburg (heute: Stadtkreis Wiesbaden) gefunden wurden. Der Mainzer Paläontologe Otto Schmidtgen (1879–1938) glaubte, die von ihm entdeckten auffälligen Knochen seien durch Abschlagen und Abschleifen von Teilen zu Artefakten umgearbeitet worden. Er deutete diese umstrittenen Funde als Dolch, Messer, Glätter, Stichel, Bohrer und Schaber. Schmidtgen war von 1914 bis 1938 Museums Mainz und wurde 1917 zum Professor ernannt.

1929 und 1931 berichtete Schmidtgen in „Jahrbücher des Nassauischen Vereins für Naturkunde" sowie 1930 in einer Festschrift über Knochenartefakte aus dem Mosbacher

*Paläontologe Otto Schmidtgen (1879–1938),
Direktor des Naturhistorischen Museums Mainz
von 1914 bis 1938.
Foto: Naturhistorisches Museum Mainz /
Landessammlung für Naturkunde Rheinland-Pfalz*

Sand. 1931 schrieb er, schon immer sei die Annahme berechtigt gewesen, dass der *Homo heidelbergensis* auch „bei uns" (gemeint sind die Mosbach-Sande bei Wiesbaden) gelebt habe. Die Entfernung der beiden Fundstellen (nämlich Mosbach-Sande und Mauerer Sande) sei nicht sehr groß. Der Wildreichtum am Taunusabhang und im breiten Rheintal sei, wie die Funde zeigten, wohl größer als dort, wo der Unterkiefer des Heidelberg-Menschen 1907 zum Vorschein gekommen war. Es wäre geradezu ein Wunder, wenn die Jäger ihre Jagdzüge nicht auch bis hierher ausgedehnt hätten.

Die Originalfunde der im Naturhistorischen Museum Mainz aufbewahrten mutmaßlichen Knochenwerkzeuge wurden im Zweiten Weltkrieg (1939–1945) zerstört. Aber es sind noch Abgüsse davon vorhanden. Im Buch „Deutschland in der Urzeit" (1986) des Wiesbadener Wissenschaftsautors Ernst Probst sind 2 dieser Abgüsse abgebildet. Der größere davon ist ein etwa 20 Zentimeter langer Wildpferdknochen mit dem Aussehen eines Dolches.

Der Mainzer Paläontologe Otto Schmidtgen war nicht der Einzige, der nach Hinterlassenschaften von Frühmenschen in der Gegend von Wiesbaden intensiv Ausschau hielt. Zwischen 1949 und 1954 überließ der Wiesbadener Privatsammler Otto R. Schweitzer (1878–1954) der „Sammlung Nassauischer Altertümer" Hunderte von vermeintlichen Artefakten aus der Altsteinzeit, die er in der Umgebung seines Wohnortes geborgen hatte. Eifrig suchte und sammelte er vor allem in der Dyckerhoff-Grube „Am Hambusch", in der Ziegelei Hessemer an der Frankfurter Straße, am quarzreichen Hainerberg, in den Walddistrikten „Himmelsöhr" und „Rabengrund" sowie in Baugruben. Die von ihm für altsteinzeitliche Werkzeuge gehaltenen Funde bestehen aus einheimischen Steinarten, vor allem aus Quarzit. Auffällig ist der hohe Anteil an Typen, die wie Faustkeile wirken.

Der Prähistoriker Karl Josef Narr (1921–2009) aus Münster/Westfalen verglich 1954 die Funde von Schweitzer nach einer ersten Untersuchung mit Typen aus den Kulturstufen Acheuléen und Moustérien. Die Diskussion über diese umstrittenen Artefakte wurde 1969 durch den Wiesbadener Archäologen Heinz-Eberhard Mandera (1922–1995) bei der 13. Tagung der Hugo-Obermaier-Gesellschaft in Bad Kreuznach neu entfacht. Am Ende waren die Zweifler an der Echtheit der Artefakte in der Überzahl. Doch im Tagungsbericht hieß es, dieser Fundkomplex könne nicht einfach als Fälschung abgetan werden. Letzte Klarheit könnten nur Grabungen an den von Schweitzer bevorzugten Fundplätzen bringen.

Der Prähistoriker und Direktor des ehemaligen Landesmuseums Nassauischer Altertümer in Wiesbaden, Ferdinand Kutsch (1889–1972), hat 1955 in den „Nassauischen Annalen" einen anerkennenden Nachruf über Schweitzer veröffentlicht: „Er war einer unserer lebendigsten und eifrigsten Freunde und hat sich um die Sammlung Nassauischer Altertümer und die vorgeschichtliche Forschung verdient gemacht. Ihm allein verdanken wir die Kenntnis des Paläolithikums von Wiesbaden. ... Mit seltenem Scharfblick las er die paläolithischen Geräte aus den frisch durchfurchten oder vom Regen ausgewaschenen Feldern auf und trug in uneigenster Weise ein großes Material aus dieser bisher uns hier unbekannten, wenn auch lange gesuchten Kulturperiode zusammen ..."

Hinweise dafür, dass sich vor etlichen hunderttausend Jahren im Wiesbadener Nachbarort Mainz bereits Frühmenschen aufgehalten haben, gab der Mainzer Arzt und engagierte Hobby-Prähistoriker Dr. med. Christian Humburg. Er berichtete über Artefakte aus Quarzit und Kalkstein, die bei umfangreichen Baumaßnahmen zwischen 1982 und 1993 in kaltzeitlichen Flussschottern von Mainz-Weisenau zum Vorschein gekommen waren. Besonders bemerkenswert war ein Quarzitgerät mit gepickten Grübchen. Manche der Artefakte könnten so alt wie die Mosbach-Sande sein, glaubt Humburg, der vermutet, in Weisenau sei ein mehrzeitig belegter Siedlungsplatz des Frühmenschen *Homo erectus* entdeckt worden. Als das Vorkommen dieser Artefakte der zuständigen archäologischen Denkmalpflege bekannt gegeben wurde, verwies man dies in den Bereich der „unmaßgeblichen Phantasie des Entdeckers".

2019 berichteten Lutz Fiedler, Christian Humburg, Horst Klingelhöfer, Sebastian Stoll und Manfred Stoll in „Humanities" über „Einige altpaläolithische Fundstellen entlang des Rheingrabens, datiert von 1,3 bis 0,6 Millionen Jahre". Dabei erwähnten sie einen „zweifellos retuschierten Schaber" und „einen Schnitt im versteinerten Mittelfußknochen eines Pferdes" aus der Einheit Mosbach III (Fauna Mosbach 2, Hauptfauna, Graues Mosbach). Der Schnitt deute auf eine Trennung von Gelenken oder Entnahme von Sehnen hin. Fiedler war bis zu seiner Emeritierung Leiter der Archäologischen Abteilung des Landesamtes für Denkmalpflege Hessen in Marburg sowie zunächst Lehrbeauftragter, dann Honorarprofessor für die Archäologie der Steinzeit an der Philipps-Universität Marburg.

Tagelöhner Daniel Hartmann (1854–1952),
Entdecker des Unterkiefers
des Heidelberg-Menschen (Homo heidelbergensis)
am 21. Oktober 1907 in Mauer bei Heidelberg.
Foto: (via Wikimedia Commons),
Lizenz: gemeinfrei (Public domain)

Die nach dem Unterkiefer-Fund von Mauer bei Heidelberg benannten Heidelberg-Menschen lebten in der Zeit vor ungefähr 600.000 bis 300.000 Jahren. Ihre Stirn war breiter als bei den später auftretenden Neandertalern und ihr Gehirnvolumen geringfügig kleiner als das der Neandertaler und Jetztmenschen. Wegen des breiten Nasenrückens waren die Augenhöhlen weit voneinander entfernt. Nase und Unterkiefer traten – einer Schnauze gleich – im Verhältnis zu den Wangenknochen hervor. Als typisch gelten ein mächtiger Ober- und Unterkiefer. Männliche Heidelberg-Menschen erreichten eine Körpergröße von weniger als 1,70 Meter und ein Gewicht zwischen 60 und 80 Kilogramm.

Heidelberg-Menschen stellten Steinwerkzeuge her und benutzten sie zum Zerlegen von Fleisch, zum Bearbeiten von Tierhäuten und Holz. Kratzer im Zahnschmelz der oberen und unteren Schneidezähne verraten, dass der Heidelberg-Mensch manche Gegenstände mit den Zähnen festhielt und dann mit Steinwerkzeugen durchtrennte. Weil die meisten Kratzer auf den Zahnoberflächen von links oben nach rechts unten verlaufen, wird vermutet, dass die meisten Heidelberg-Menschen Rechtshänder waren. Die Nahrung bestand bis zu mindestens 80 Prozent aus Pflanzen. Irgendwann in der Zeit vor etwa 400.000 bis 270.000 Jahren verfügten Heidelberg-Menschen über Speere als Waffen. Die ältesten in Europa entdeckten Feuerstellen stammen aus der Zeit der Heidelberg-Menschen vor rund 400.000 Jahren. Schmuck, Kunst und Gräber kannten diese Frühmenschen noch nicht.

Entdecker des weltberühmten Unterkiefers des Heidelberg-Menschen war der Tagelöhner Daniel Hartmann (1854–

*An der Küste bei Happisburgh unweit der Stadt Cromer
in Norfolk (Ostengland) spülte im Mai 2013 eine Sturmflut
eine Schicht frei, in der im Eiszeitalter vor etwa 800.000 Jahren
eine kleine Gruppe von Frühmenschen ihre Fußabdrücke
hinterlassen hatte.
Foto: Martin Bates / CC BY-SA 4.0 /
https://journals.plos.org/plosone/article?id=10.1371/
journal.pone.0088329 (via Wikimedia Commons),
lizensiert unter Creative Commons-Lizenz by-sa-4.0,
https://creativecommons.org/licenses/by/4.0/legalcode*

1952). Er bemerkte am 21. Oktober 1907 in der Sandgrube am Grafenrain bei Mauer bei Heidelberg auf seiner Schaufel einen Knochen, der beim Herunterfallen in 2 Teile zerbrach. Abends zeigte er in einer Gastwirtschaft den Unterkiefer und erklärte: „Heit haw ich de Adam g'fune" („Heute habe ich den Adam gefunden"). Der wissenschaftlich wertvolle Fund wurde 1908 von dem Heidelberger Paläontologen Otto Schoetensack (1850–1912) beschrieben und „*Homo Heidelbergensis*" genannt.

Was man unter günstigen Umständen am ehemaligen Ufer eines Flusses aus dem Eiszeitalter entdecken kann, zeigte sich im Mai 2013 an der Küste bei Happisburgh unweit der Stadt Cromer in Norfolk (Ostengland). Dort spülte eine Sturmflut eine Schicht frei, in der vor etwa 800.000 Jahren eine kleine Gruppe von Frühmenschen ihre Fußabdrücke hinterlassen hatte. Leider trugen die Gezeiten die alte Erdoberfläche mit den Fußabdrücken bald vollständig ab. Vielleicht entdeckt irgendwann jemand zufällig oder geplant, einen Schädel, Zähne, Skelettreste oder Fußspuren eines Frühmenschen in ungefähr 600.000 Jahre alten Flussablagerungen der Mosbach-Sande bei Wiesbaden? Man könnte einen solchen Sensationsfund guten Gewissens einem Mosbach-Menschen, Wiesbaden-Menschen, Ur-Main-Menschen oder Ur-Rhein-Menschen zuordnen.

Literatur
ARCHÄOLOGIE-ONLINE: 800.000 Jahre alte menschliche Fußabdrücke in Norfolk entdeckt.
https://www.archaeologie-online.de/nachrichten/800000-jahre-alte-menschliche-fussabdruecke-in-norfolk-entdeckt-2463/

FIEDLER, Lutz / HUMBURG, Christian / KLINGEL-HÖFER, Horst / STOLL, Sebastian / STOLL, Manfred: Einige altpaläolithische Fundstellen entlang des Rheingrabens, datiert von 1,3 bis 0,6 Millionen Jahre. In: Humanities 8(3): S. 129, 2019.

KELLER, Thomas: Früheste Werkzeuge des Menschen oder Nahrungsreste knochenfressender Raubtiere? In: Denkmalpflege in Hessen 4: S. 17–23, Wiesbaden 1992.

KELLER. Thomas: August Römer (1825–1899) und in der Naturwissenschaftlichen Sammlung des Wiesbadener Museums erhaltene bisher unbekannte Belege früher Rückschlüsse auf das Wirken des eiszeitlichen Menschen. In: Jahrbücher des Nassauischen Vereins für Naturkunde 124: S. 79–90, Wiesbaden 2003.

KUTSCH, Ferdinand: Otto R. Schweitzer 1878–1954. In: Nassauische Annalen – Jahrbuch des Vereins für nassauische Altertumskunde und Geschichtsforschung 66: S. 348, Wiesbaden 1955.

PREISS, Norbert: Daniel Hartmann 5. November 1854 – 21. Januar 1952. Der Finder des Unterkiefers von Mauer. In: WAGNER, Günther A. / BEINHAUER, Karl W. (Herausgeber): *Homo heidelbergensis* von Mauer. Das Auftreten des Menschen in Europa. S. 71–78, Heidelberg 1997.

SANDBERGER, Fridolin: Die Land- und Süßwasserconchylien der Vorwelt. Wiesbaden 1870–1875.

SCHMIDTGEN, Otto: Knochenarteakte? aus den Mosbacher Sanden. In: Jahrbücher des Nassauischen Vereins für Naturkunde 80: S. 1–6, Wiesbaden 1929.

SCHMIDTGEN, Otto: Weitere Knochenartefakte aus dem Mosbacher Sand. In: Jahrbücher des Nassauischen Vereins für Naturkunde 81: S. 123–127, Wiesbaden 1931.

SCHOETENSACK, Otto: Der Unterkiefer des *Homo Heidelbergensis* aus den Sanden von Mauer bei Heidelberg. Ein Beitrag zur Paläontologie des Menschen. Leipzig 1908.
SCHOETENSACK, Wolfgang / SCHOETENSACK, Jürgen: Das Leben von Prof. Dr. Otto Schoetensack 12. Juli 1850 bis 23. Dezember 1911. In: WAGNER, Günther A. / BEINHAUER, Karl W. (Herausgeber): *Homo heidelbergensis* von Mauer. Das Auftreten des Menschen in Europa. S. 62–70, Heidelberg 1997.
WBG: Professor Dr. Lutz Fiedler.
https://www.wbg-wissenverbindet.de/autoren/prof.-dr.-lutz-fiedler/
WIKIPEDIA (Online-Lexikon): Fridolin von Sandberger.
https://de.wikipedia.org/wiki/Fridolin_von_Sandberger
WIKIPEDIA (Online-Lexikon): *Homo heidelbergensis.*
https://de.wikipedia.org/wiki/Homo_heidelbergensis
WIKIPEDIA (Online-Lexikon): Heinz-Eberhard Mandera.
https://de.wikipedia.org/wiki/Heinz-Eberhard_Mandera
WIKIPEDIA (Online-Lexikon): Otto Schmidtgen (Paläontologe).
https://de.wikipedia.org/wiki/Otto_Schmidtgen_(Pal%C3%A4ontologe)

Autor Ernst Probst.
Foto: Klaus Benz (1935–2024), Fotograf, Mainz-Laubenheim

Der Autor

Ernst Probst, geboren am 20. Januar 1946 in Neunburg vorm Wald im bayerischen Regierungsbezirk Oberpfalz, ist Journalist und Wissenschaftsautor. Er arbeitete von 1968 bis 1971 bei den „Nürnberger Nachrichten", von 1971 bis 1973 in der Zentralredaktion des „Ring Nordbayerischer Tageszeitungen" in Bayreuth und von 1973 bis 2001 bei der „Allgemeinen Zeitung", Mainz. In seiner Freizeit schrieb er Artikel für die „Frankfurter Allgemeine Zeitung", „Süddeutsche Zeitung", „Die Welt", „Frankfurter Rundschau", „Neue Zürcher Zeitung", „Tages-Anzeiger", Zürich, „Salzburger Nachrichten", „Die Zeit", „Rheinischer Merkur", „Deutsches Allgemeines Sonntagsblatt", „bild der wissenschaft", „kosmos", „Deutsche Presse-Agentur" (dpa), „Associated Press" (AP) und den „Deutschen Forschungsdienst" (df). Aus seiner Feder stammen die Bücher „Deutschland in der Urzeit" (1986), „Deutschland in der Steinzeit" (1991), „Rekorde der Urzeit" (1992), „Dinosaurier in Deutschland" (1993 zusammen mit Raymund Windolf) und „Deutschland in der Bronzezeit" (1996). Von 2001 bis 2006 betätigte sich Ernst Probst als Buchverleger sowie zeitweise als internationaler Fossilienhändler und Antiquitätenhändler. Insgesamt veröffentlichte er etwa 450 Bücher, Taschenbücher und Broschüren sowie rund 450 E-Books.

Literatur
Ernst Probst: Ein Journalistenleben. Vom Wunschberuf zum Albtraum. Leipzig 2015.

Bücher von Ernst Probst

(Auswahl)

Als Mainz im Meer lag
Als Mainz noch nicht am Rhein lag
Das Mammut. Mit Zeichnungen von Shuhei Tamura
Der Europäische Jaguar
Der Mosbacher Löwe. Die riesige Raubkatze aus
Wiesbaden
Der Rhein-Elefant. Das Schreckenstier von Eppelsheim
Der Ur-Rhein. Rheinhessen vor zehn Millionen Jahren
Deutschland im Eiszeitalter
Deutschland in der Frühbronzezeit
Deutschland in der Mittelbronzezeit
Deutschland in der Spätbronzezeit
Die Aunjetitzer Kultur in Deutschland
Die Straubinger Kultur in Deutschland
Die Singener Gruppe
Die Arbon-Kultur in Deutschland
Die Ries-Gruppe und die Neckar-Gruppe
Die Adlerberg-Kultur
Der Sögel-Wohlde-Kreis
Die nordische Bronzezeit in Deutschland
Die Hügelgräber-Kultur in Deutschland
Die ältere Bronzezeit in Nordrhein-Westfalen
Die Bronzezeit in der Lüneburger Heide
Die Stader Gruppe
Die Oldenburg-emsländische Gruppe
Die Urnenfelder-Kultur in Deutschland
Die ältere Niederrheinische Grabhügel-Kultur
Die Unstrut-Gruppe

Die Helmsdorfer Gruppe
Die Saalemündungs-Gruppe
Die Lausitzer Kultur in Deutschland
Die Dolchzahnkatze Megantereon
Die Dolchzahnkatze Smilodon
Die Säbelzahnkatze Homotherium
Die Säbelzahnkatze Machairodus
Die Schweiz in der Frühbronzezeit
Die Rhône-Kultur in der Westschweiz
Die Arbon-Kultur in der Schweiz
Die Schweiz in der Mittelbronzezeit
Die Schweiz in der Spätbronzezeit
Dinosaurier von A bis K. Von Abelisaurus bis zu
Kritosaurus
Dinosaurier von L bis Z. Von Labocania bis zu
Zupaysaurus
Der rätselhafte Spinosaurus. Leben und Werk des Forschers
Ernst Stromer von Reichenbach
Raubdinosaurier in Bayern. Von Archaeopteryx bis zu
Sciurumimus
Flugsaurier in Deutschland. Von Dorygnathus bis zu
Targaryendraco
Eiszeitliche Geparde in Deutschland
Eiszeitliche Leoparden in Deutschland
Höhlenlöwen. Raubkatzen im Eiszeitalter
Hermann von Meyer. Der große Naturforscher aus
Frankfurt am Main
Johann Jakob Kaup. Der große Naturforscher aus
Darmstadt
Krallentiere am Ur-Rhein
Neues vom Ur-Rhein. Interview mit dem Geologen und
Paläontologen Dr. Jens Sommer

Österreich in der Frühbronzezeit
Österreich in der Mittelbronzezeit
Österreich in der Spätbronzezeit
Raub-Dinosaurier von A bis Z. Mit Zeichnungen von
Dmitry Bogdanav und Nobu Tamura
Rekorde der Urmenschen. Erfindungen, Kunst und
Religion
Rekorde der Urzeit. Landschaften, Pflanzen und Tiere
Säbelzahnkatzen. Von Machairodus bis zu Smilodon
Säbelzahntiger am Ur-Rhein. Machairodus und
Paramachairodus
Was ist ein Menhir? Interview mit dem Mainzer
Archäologen Dr. Detert Zylmann
Wer ist der kleinste Dinosaurier? Interviews mit dem
Wissenschaftsautor Ernst Probst
Wer war der Stammvater der Insekten? Interview
mit dem Stuttgarter Biologen und Paläontologen
Dr. Günther Bechly
6000 Jahre Kastel. Von der Steinzeit bis zum 21.
Jahrhundert
5000 Jahre Kostheim. Von der Steinzeit bis zum 21.
Jahrhundert
Kastel in der Vorzeit. Von der Jungsteinzeit bis Christi
Geburt
Kostheim in der Vorzeit. Von der Jungsteinzeit bis Christi
Geburt
Wiesbaden in der Steinzeit. Von Eiszeit-Jägern bis zu
frühen Bauern
Wiesbaden vor 600.000 Jahren. Die Fossilien der Mosbach-
Sande
Mainz in der Steinzeit. Von Eiszeit-Jägern bis zu frühen
Bauern

Anno 1.000.000. Deutschland in der älteren Altsteinzeit
Das Protoacheuléen. Eine Kulturstufe der Altsteinzeit vor
etwa 1,2 Millionen bis 600.000 Jahren
Das Altacheuléen. Eine Kulturstufe der Altsteinzeit vor etwa
600.000 bis 350.000 Jahren
Das Jungacheuléen. Eine Kulturstufe der Altsteinzeit vor etwa
350.000 bis 150.000 Jahren
Das Spätacheuléen. Eine Kulturstufe der Altsteinzeit vor
etwa 150.000 bis 100.000 Jahren
Die Lanze von Lehringen. Ein Jahrhundertfund aus der
Altsteinzeit
Die Neandertaler und ihre Zeit. Das Moustérien vor etwa
125.000 bis 40.000 Jahren
Das Aurignacien. Eine Kulturstufe der Altsteinzeit vor
etwa 40.000 bis 31.000 Jahren
Das Gravettien. Eine Kulturstufe der Altsteinzeit vor etwa
35.000 bis 24.000 Jahren
Das Magdalénien. Die Blütezeit der Rentierjäger vor etwa
18.000 bis 14.000 Jahren
Die Hamburger Kultur. Eine Kulturstufe der Altsteinzeit
vor etwa 15.700 bis 14.200 Jahren
Die Federmesser-Gruppen. Eine Kulturstufe der
Altsteinzeit vor etwa 14.000 bis 12.800 Jahren
Das Steinzeit-Grab von Bonn-Oberkassel. Ein rätselhafter
Fund aus der Zeit der Federmesser-Gruppen
Die Ahrensburger Kultur. Eine Kulturstufe der Altsteinzeit
vor etwa 12.700 bis 11.650 Jahren
Die Altsteinzeit in Österreich., Jäger und Sammler vor
250.000 bis 10.000 Jahren
Das Jungacheuléen in Österreich
Das Moustérien in Österreich
Neandertaler in den Alpen

Das Aurignacien in Österreich
Das Gravettien in Österreich
Das Magdalénien in Österreich
Neandertaler im Gebirge
Das Magdalénien in der Schweiz
Die Mittelsteinzeit
Deutschland in der Mittelsteinzeit
Die Mittelsteinzeit in Baden-Württemberg
Die Mittelsteinzeit in Bayern
Die Mittelsteinzeit in Rheinland-Pfalz
Die Mittelsteinzeit in Hessen
Die Mittelsteinzeit in Nordrhein-Westfalen
Die Mittelsteinzeit in Niedersachsen
Die Mittelsteinzeit in Thüringen, Sachsen-Anhalt, Sachsen
und im südlichen Brandenburg
Die Mittelsteinzeit in Schleswig-Holstein, Mecklenburg und
im nördlichen Brandenburg
Die ersten Bauern in Deutschland. Die Linienband-
keramische Kultur (5.500 bis 4.900 v. Chr.)
Die Ertebölle-Ellerbek-Kultur. Eine Kultur der
Jungsteinzeit vor etwa 5.000 bis 4.300 v. Chr.
Die Stichbandkeramik. Eine Kultur der Jungsteinzeit vor
etwa 4.900 bis 4.500 v. Chr.
Die Oberlauterbacher Gruppe. Eine Kulturstufe der
Jungsteinzeit vor etwa 4.900 bis 4.500 v. Chr.
Die Hinkelstein-Gruppe. Eine Kulturstufe der Jungsteinzeit
vor etwa 4.900 bis 4.800 v. Chr.
Die Rössener Kultur. Eine Kultur der Jungsteinzeit vor
etwa 4.600 bis 4.300 v. Chr.
Die Kupferzeit. Wie die ersten Metalle in Mitteleuropa
bekannt wurden
Die Michelsberger Kultur. Eine Kultur der Jungsteinzeit

vor etwa 4.300 bis 3.500 v. Chr.
Das Rätsel der Großsteingräber. Die nordwestdeutsche
Trichterbecher-Kultur vor etwa 4.300 bis 3.000 v. Chr.
Die Baalberger Kultur. Eine Kultur der Jungsteinzeit vor
etwa 4.300 bis 3.700 v. Chr.
Pfahlbauten in Süddeutschland. Dörfer der Jungsteinzeit
und Bronzezeit an Seen, Mooren und Flüssen
Die Altheimer Kultur / Die Pollinger Gruppe.
Zwei Kulturen der Jungsteinzeit vor etwa 3.900 bis
3.500 v. Chr.
Die Salzmünder Kultur. Eine Kultur der Jungsteinzeit vor
etwa 3.700 bis 3.200 v. Chr.
Die Chamer Gruppe. Eine Kulturstufe der Jungsteinzeit vor
etwa 3.500 bis 2.800 v. Chr.
Die Wartberg-Kultur. Eine Kultur der Jungsteinzeit vor
etwa 3.500 bis 2.800 v. Chr.
Die Walternienburg-Bernburger Kultur. Eine Kultur der
Jungsteinzeit vor etwa 3.200 bis 2.800 v. Chr.
Die Kugelamphoren-Kultur. Eine Kultur der Jungsteinzeit
vor etwa 3.100 bis 2.700 v. Chr.
Die Schnurkeramischen Kulturen. Kulturen der
Jungsteinzeit von etwa 2.800 bis 2.400 v. Chr.
Die Einzelgrab-Kultur. Eine Kultur der Jungsteinzeit vor
etwa 2.800 bis 2.300 v. Chr.
Die Schönfelder Kultur. Eine Kultur der Jungsteinzeit vor
2.800 bis 2.200 v. Chr.
Die Glockenbecher-Kultur. Eine Kultur der Jungsteinzeit
vor etwa 2.500 bis 2.200 v. Chr.
Die ersten Bauern in Österreich. Die Linienband-
keramische Kultur vor etwa 5.500 bis 4.900 v. Chr.
Die Lengyel-Kultur in Österreich. Eine Kultur der
Jungsteinzeit vor etwa 4.900 bis 4.400 v. Chr.

Die Mondsee-Gruppe. Eine Kulturstufe der Jungsteinzeit
vor etwa 3.700 bis 2.900 v. Chr.
Die Badener Kultur in Österreich. Eine Kultur der
Jungsteinzeit vor etwa 3.600 bis 2.900 v. Chr.
Die ersten Pfahlbauten in der Schweiz. Die Anfänge der
Pfahlbauforschung und die Egolzwiler Kultur
Die Cortaillod-Kultur. Eine Kultur der Jungsteinzeit vor
etwa 4.000 bis 3.500 v. Chr.
Die Pfyner Kultur in der Schweiz. Eine Kultur der
Jungsteinzeit vor etwa 4.000 bis 3.500 v. Chr.
Die Horgener Kultur in der Schweiz. Eine Kultur der
Jungsteinzeit vor etwa 3.500 bis 2.800 v. Chr.
Die Schnurkeramiker in der Schweiz. Eine Kultur der
Jungsteinzeit vor etwa 2.800 bis 2.400 v. Chr.
Meteoriten. Die wichtigsten Funde und Krater
Große Kometen. Schweifsterne in Wort und Bild